中国科普大奖图书典藏书系

数学大世界

之

传奇与游戏

李毓佩 著

中国盲文出版社
湖北科学技术出版社

图书在版编目（CIP）数据

数学大世界之传奇与游戏：大字版 / 李毓佩著. —北京：中国盲文出版社，2020.4

（中国科普大奖图书典藏书系）

ISBN 978-7-5002-9514-3

Ⅰ.①数… Ⅱ.①李… Ⅲ.①数学—普及读物 Ⅳ.①O1-49

中国版本图书馆 CIP 数据核字（2020）第 018506 号

数学大世界之传奇与游戏

著　　者：李毓佩
责任编辑：包国红
出版发行：中国盲文出版社
社　　址：北京市西城区太平街甲 6 号
邮政编码：100050
印　　刷：东港股份有限公司
经　　销：新华书店
开　　本：787×1092　1/16
字　　数：112 千字
印　　张：11.75
版　　次：2020 年 4 月第 1 版　2020 年 4 月第 1 次印刷
书　　号：ISBN 978-7-5002-9514-3/O·39
定　　价：39.00 元
编辑热线：（010）83190265
销售服务热线：（010）83190297　83190289　83190292

目　录

CONTENTS

2. 名题荟萃 060

3. 数学群星 094

4. 游戏与数学 134

1. 数学奇境

寻找吃人怪物的忒修斯

下面是一个古老的希腊神话传说：

古希腊克里特岛上的国王叫米诺斯。不知怎么搞的，他的王后生了一个半人半牛的怪物，起名叫米诺陶。王后为了保护这个怪物的安全，请古希腊最卓越的建筑师代达罗斯建造了一座迷宫。迷宫里有数以百计狭窄、弯曲、幽深的道路，高高矮矮的阶梯和许多小房间，不熟悉路径的人，一走进迷宫就会迷失方向，别想走出来。王后就把怪物米诺陶藏在这座迷宫里。米诺陶是靠吃人为生的，它吃掉所有在迷宫里迷路的人。米诺斯国王还强迫雅典人每9年进贡七个童男和七个童女，供米诺陶吞食。米诺陶成了雅典人民的一大害。

当米诺斯国王派使者第三次去雅典索取童男童女时，年轻的雅典王子忒修斯决心为民除害，杀死怪物米诺陶。忒修斯自告奋勇充当一名童男，和其他13名童男童女一起去克里特岛。

当忒修斯一行被带去见国王米诺斯时，公主阿里阿德尼爱上了王子忒修斯。她偷偷送给忒修斯一个线团，让他进迷宫时把线团的一端拴在入口处，然后放着线走进迷宫。公主还送忒修斯一把魔剑，用来杀死怪物。

忒修斯带领13名童男童女勇敢地走进迷宫。他边走边放线边寻找，终于在迷宫深处找到了怪物米诺陶。经过一番激烈的搏斗，忒修斯杀死了米诺陶，为民除了害。13名童男童女担心出不了迷宫，会困死在里面。忒修斯带领他们顺着放出来的线，很容易地找到了入口。

克里特岛迷宫的故事广为流传，那座传说中的迷宫究竟存不存在呢？

1900年，英国地质学家兼考古学家伊文思在克里特岛上进行了挖掘，在3米深的地层下面发掘出一座面积达2公顷的宫殿遗址，共有1200到1500个房间，据说这就是米诺斯迷宫的遗址。

传说古罗马的埃德萨城也有一座迷宫。这座迷宫建在一个巨大的山洞里，里面有过道、房间和阶梯。那些阶梯特别迷惑人，明明是顺着阶梯往上走，走一段之后却发现是在往下走。

据说国外至今还保留有一座1690年建造的迷宫。下页图是这座迷宫的平面图，你从下面的门进去，试试能否走出来。

游迷宫是不是只能靠碰运气呢？不是这么回事。游迷宫的方法是很多的。下面是最简单的游法：

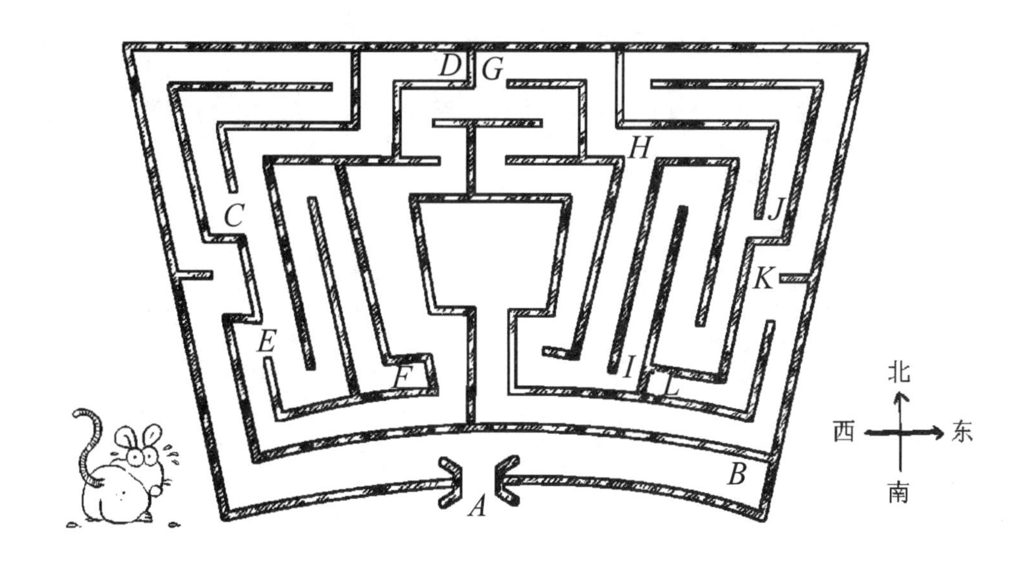

1. 进入迷宫后，可以任选一条通道往前走。

2. 如果遇到走不通的死胡同，就马上返回。

3. 如果遇到了岔路口，观察一下是否有还没走过的通道，有，就任选一条通道往前走；没有，就顺原路返回原来的岔路口。然后就重复 2 和 3 所说的走法，直到找到出口为止。

假如你不急着出迷宫，而是想把迷宫都游一遍的话，那么，在到达每个入口处时，要看一下跟入口相连的各通道是否都走过了。如果都走过了，你就可以出来；如果没有走过，你就按着前面讲的 2 和 3 步骤再去走那些没走过的通道，直到都走过为止。

不妨按着上面介绍的方法，把 1690 年建造的迷宫游览一次：从入口 A 进，向东拐到 B 点走不通，由原路返回 A。再向西走，沿着通道一直走到 C 点，由 C 有两条通道可走，选向北走的通道走到 D，不通，按原路返回到 C，再往南走，到 E。选择靠东的通道走到 F，不通，原路返回 E，再走靠西的通道走到 G。然后是 $H \to I \to J \to K$，最后可以把迷宫都走一遍，再从 A 走出来。

幻方奇谈

在本书前面介绍数的时候，曾谈过幻方。我国古代的“九宫图”就是一个 3 阶幻方。在印度一座古老神庙的门楣里侧发现过一个 4 阶幻方（如右图）。这个 4 阶幻方雕刻在石头上，是吉祥物，像我国的门神一样。古代印度人认为，把幻方画在门上可以避邪，佩戴在脖子上或腰上可以护身。由此可见，幻方过去往往和迷信有些关系。

7	12	1	14
2	13	8	11
16	3	10	5
9	6	15	4

16 世纪，德国著名画家丢勒发表了一幅铜版画，题名为“忧郁”。雕刻年代为 1514 年。画中有一个 4 阶幻方（如右下图）。这个幻方的巧妙之处在于它最下面中间两个数 15 和 14，连在一起恰好是绘画年份。

丢勒所设计的 4 阶幻方，具有一般幻方的性质：横行、竖行和对角线上四个数相加都等于 34。34 叫作幻方常数。

16	3	2	13
5	10	11	8
9	6	7	12
4	15	14	1

我国考古工作者在元朝安西王府的夯土台基中发现了一块 13 世纪阿拉伯数

字幻方铁板。这是一个 6 阶幻方，幻方常数为 111。它是到目前为止，我国应用阿拉伯数字的最早实物证据。

٢٨	٤	٣	٣١	٣٥	١٠
٣٦	١٨	٢١	٢٤	١١	١
٧	٢٣	١٢	١٧	٢٢	٣٠
٨	١٣	٢٦	١٩	١٦	٢٩
٥	٢٠	١٥	١٤	٢٥	٣٢
٢٧	٣٣	٣٤	٦	٢	٩

28	4	3	31	35	10
36	18	21	24	11	1
7	23	12	17	22	30
8	13	26	19	16	29
5	20	15	14	25	32
27	33	34	6	2	9

有些幻方除了横、竖、斜相加等于幻方常数外，还有一些更奇妙的性质。丢勒所设计的 4 阶幻方中就有一些特殊性质。比如：

1. 上面两行数的平方和等于下面两行数的平方和。算一下：

$16^2+3^2+2^2+13^2+5^2+10^2+11^2+8^2=748$，

$9^2+6^2+7^2+12^2+4^2+15^2+14^2+1^2=748$.

完全正确。

2. 第一行和第三行数的平方和等于第二行和第四行数的平方和。

3. 两条对角线上数的平方和等于不在对角线上数的平方和。

4. 两条对角线上数的立方和等于不在对角线上数的立方和。

算一下：

$16^3+10^3+7^3+1^3+13^3+11^3+6^3+4^3=9248$，

$3^3+2^3+5^3+8^3+9^3+12^3+15^3+14^3=9248$.

也完全正确！

看来，丢勒设计的这个 4 阶幻方，具有很多奇妙的性质。

凡是阶数为 4 的倍数的幻方叫作双偶阶幻方。下面介绍一种制作双偶阶幻方的简单方法：

首先，考虑一个 4 阶方阵，画上两条对角线（如图）。然后，从左上角开始，顺序是从左到右，从上到下，按着自然数的次序 1，2，3，4，…，15，16 依次填写。但是，要注意被对角线割开的格不要填数。这样可以填上 8 个数。最后，从右下角开始，从右向左，从下到上，从 1 开始，依次把没填上的其他自然数，填到被割开的格子里，这就得到了 4 阶幻方。

	2	3	
5			8
9			12
	14	15	

16	2	3	13
5	11	10	8
9	7	6	12
4	14	15	1

下面是一个 8 阶幻方，也可按上述方法来填。图中已经完成了一半，请你把另一半完成。

“双重幻方”也叫平方幻方。双重幻方的特点是，把幻方中的每一个数用它的平方数代替之后，可得到一个新幻方。

把第一行的数相加可得到原幻方常数 M_1（见下页下图）：

	2	3			6	7	
9			12	13			16
17			20	21			24
	26	27			30	31	
	34	35			38	39	
41			44	45			48
49			52	53			56
	58	59			62	63	

$M_1=5+31+35+60+57+34+8+30=260.$

把第一行的每个数平方之后再相加，可得新幻方常数 M_2：

$M_2=5^2+31^2+35^2+60^2+57^2+34^2+8^2+30^2=25+961+1225+3600+3249+1156+64+900=11180.$

20 世纪初，法国人里列经过长期探索，找到了近 200 个双重幻方。

“乘积幻方”的特点是，除了横、纵、斜各数之和相等外，其乘积也相等。下面这个 8 阶幻方，其和为 26840，其积为

5	31	35	60	57	34	8	30
19	9	53	46	47	56	18	12
16	22	42	39	52	61	27	1
63	37	25	24	3	14	44	50
26	4	64	49	38	43	13	23
41	51	15	2	21	28	62	40
54	48	20	11	10	17	55	45
36	58	6	29	32	7	33	59

2 981 655 295 772 625 441 274 032 274 000

4050	6111	1995	1338	4641	5336	2692	677
4669	5304	2708	673	4074	6075	2007	1330
2716	675	4683	5320	2001	1326	4062	6057
1989	1334	4038	6093	2700	679	4655	5352
1346	2031	5967	4002	665	2676	5400	4753
669	2660	5432	4725	1354	2019	6003	3978
5416	4711	667	2652	6021	3990	1358	2025
5985	4014	1350	2037	5384	4739	663	2668

如果一个幻方是标准幻方，也就是由 1 开始，按自然数顺序依次填写到 n^2 为止。那么，它的幻方常数 M 可用以下公式来求：

$$M=\frac{n}{2}(1+n^2).$$

其中 n 表示幻方的阶数。

有了这个公式，容易算出标准幻方的幻方常数。比如

3 阶幻方常数　$M_3=\frac{3}{2}(1+3^2)=\frac{3}{2}\times10=15$，

4 阶幻方常数　$M_4=\frac{4}{2}(1+4^2)=2\times17=34.$

类似可求出 $M_5=65$，$M_6=111$，$M_7=175$，$M_8=260$ 等。

上述幻方常数公式，是这样求出来的。一个标准幻方常数 M，可以先把这个 n 阶幻方的所有数的和先求出来

$$
\begin{aligned}
S &= 1+2+3+\cdots+(n^2-1)+n^2 \\
&= (1+n^2)+(2+n^2-1)+(3+n^2-2)+\cdots \\
&= \frac{n^2}{2}(1+n^2).
\end{aligned}
$$

除以 n，得 $M=\frac{1}{n}\cdot\frac{n^2}{2}(1+n^2)=\frac{n}{2}(1+n^2)$.

我国宋代数学家杨辉曾经系统研究过幻方。他于 1275 年排出了从 3 阶到 10 阶全部的幻方。到现在，国外已经排出了 105 阶幻方，而我国数学家排出了 125 阶幻方。

同一阶幻方的排法也是多种多样的。比如 4 阶幻方，据美国幻方专家马丁·加德纳的研究就有 880 种不同的排法。有了电子计算机，可以算出更高阶幻方的不同排法，比如：

5 阶幻方有 275 305 224 种；

7 阶幻方有 363 916 800 种；

8 阶幻方已经超过了 10 亿种！

52	61	4	13	20	29	36	45
14	3	62	51	46	35	30	19
53	60	5	12	21	28	37	44
11	6	59	54	43	38	27	22
55	58	7	10	23	26	39	42
9	8	57	56	41	40	25	24
50	63	2	15	18	31	34	47
16	1	64	49	48	33	32	17

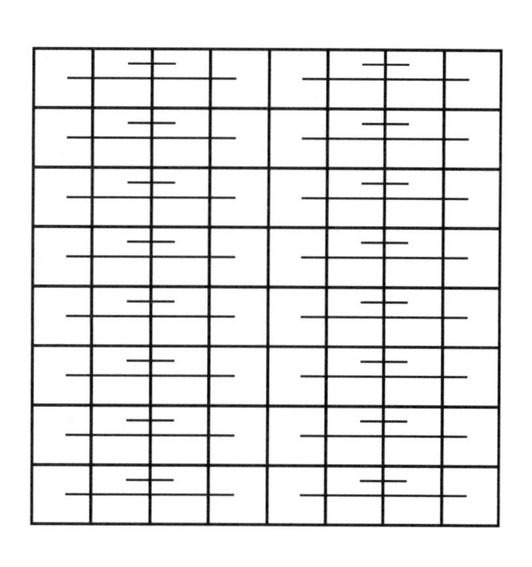

许多人热衷于编写幻方。上页这个 8 阶幻方是美国著名科学家富兰克林编出来的，又叫“富兰克林幻方”。这个 8 阶幻方有个奇特性质，你把用线连起来的两个数相加，都等于 65。

现代科学家热衷于研究幻方，已经不是为了好玩或者驱灾避邪。电子计算机出现以后，幻方在程序设计、组合分析、人工智能、图论等许多方面找到了新的用处。

52 年填成一幻方

有正方形的幻方，会不会有其他形状的幻方呢？20 世纪初，有一名叫亚当斯的年轻人要排出“六角幻方”。他从 1910 年开始研究这种六边形的幻方。

他发现一层的六角幻方是不存在的。因为要想使

$x+y=y+z$

必然得出 $x=z$.

但是同一个幻方中是不允许有两个相同的数字的。

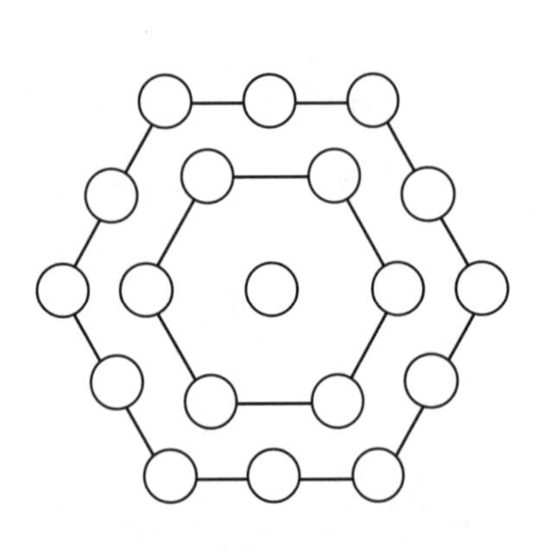

他开始研究两层的六角幻方。两层六角幻方要填上从 1 到 19 一共 19 个数，使得横着、斜着的 3 个数或 4 个、5 个数相加，其和相等。这

可比填正方形幻方难多了！

亚当斯在一个铁路公司的阅览室工作。他制作了19块小板，上面写上1到19的数字，白天工作，晚上就摆弄这19块小板。从1910年到1957年，他整整用了47年也没有排出双层六角幻方。有一次他在病床上摆弄19块小板，无意之中竟然排成了！面对这耗费了他一生业余时间的成果，他激动的心情可想而知。他急忙下床把这个幻方记了下来。心里高兴，病就好得快，没过几天亚当斯就病愈出院。在回家途中，他糊里糊涂竟把19块小板和记录的纸片一起弄丢了，这真是太可惜啦！他怎么回忆也回忆不起来了。

已经排了47年的亚当斯并没有灰心，回家后又继续研究。又用了5年时间，在1962年12月的一天，亚当斯再一次排出了两层六角幻方。这时，已经是白发苍苍的老头的亚当斯热泪盈眶。亚当斯排出的这个两层六角幻方，只要你沿着直线相加，也不管是几个数，其和总等于38。

亚当斯立刻把这个宝贵的幻方寄给了幻方专家马丁·加德纳。但是，马丁·加德纳从没有排过六角幻方，他对这方面所知不多。马丁·加德纳又写信给才华出众的数学游戏专家特里格。特里格十分赞赏亚当斯的开创性工作。他又想，方形幻方有3阶、4阶、5阶……六角幻方会不会有两层、三层、四层……的呢？特里格反复研究，他发现六角幻方只有两层的可以排出来，两层以上的六角幻方根本就不存在！

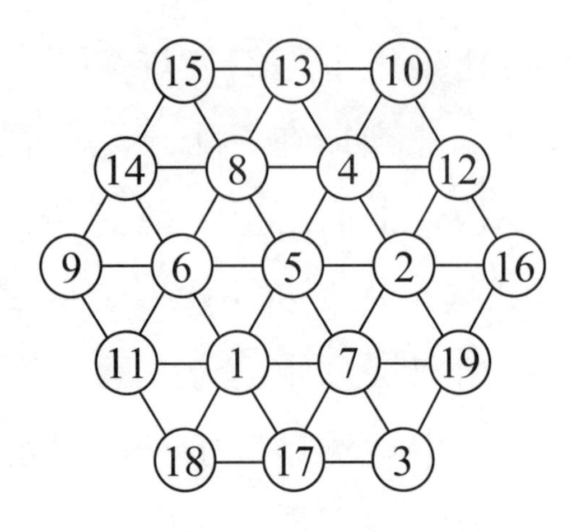

对这个问题理论上的证明是在 1969 年由滑铁卢大学二年级学生阿莱尔完成的。他证明，如果六角幻方的层数为 n，则 n 只能等于 2。阿莱尔使用电子计算机，对两层六角幻方可能有多少种不同的排列方法进行了研究，发现有 20 种可能的选择。他还用电子计算机进行了编排，仅用了 17 秒钟就排出了亚当斯花费了 52 年才得到的结果。

谎言与逻辑

前面曾分析过一个例子：

“张三说：‘我从来都是说谎的。’请问：张三这句话是真话还是谎言？”经过逻辑思维的推断，可以肯定张三的这句话是谎言。

逻辑是数学的一大支柱，不会逻辑推理肯定学不好数学。下面把前面提到的这个问题再深化一步：

“现有张三和李四两个人。张三说李四在说谎，李四则说张三在说谎。请问：张三和李四谁在说谎？谁说了真话？”

与前面的问题相比，这个问题要复杂一些。可以先把它变成一个数学问题。设张三为 A，李四为 B，说真话为

1，说谎话为 0。

(1) 若 $A=1$，即张三说真话。

由于张三说："李四说假话。"则李四在说谎，即 $B=0$；又由于李四说："张三说假话。"而 $B=0$，也就是说李四在说谎，所以张三必说真话，即 $A=1$。

经过验证，给定条件 $A=1$，$B=0$ 符合题目条件，为该问题的一个解。

(2) 若 $A=0$，即张三说假话。

由于张三说："李四说假话。"则李四说的必是真话，即 $B=1$；又由于李四说："张三说假话。"而 $B=1$，也就是说李四说真话，所以张三必说假话，即 $A=0$。

经验证，$A=0$，$B=1$ 符合题目条件，为该问题的另一个解。

结论：张三和李四所说的话，必然是一真一假。

下面再增加一个王五，看看怎么样。

"现有张三、李四、王五三个人。张三说李四在说谎，李四说王五在说谎，王五说张三和李四都在说谎。请问：张三、李四、王五谁在说谎？谁说的是真话？"

设张三、李四、王五分别为 A、B、C。说真话为 1，说假话为 0。

(1) 若 $A=1$，即张三说真话。

由于张三说："李四在说谎。"可推知 $B=0$；而李四说："王五在说谎。"但是 $B=0$，李四说假话，则王五说的是真话，$C=1$；由于王五说："张三和李四都说谎。"可知

$A=0$，$B=0$，与 $A=1$ 矛盾。

$A=1$ 时此问题无解。

（2）若 $A=0$，即张三说假话。

由于张三说："李四在说谎。"可知李四说真话，即 $B=1$；李四说："王五说谎。"由于 $B=1$，可推知 $C=0$；由于王五说："张三和李四都说谎。"而 $C=0$，可得或 $A=1$，$B=1$，或 $A=0$，$B=1$，或 $A=1$，$B=0$。只要这三种情况有一种成立，都可以说明王五说的张三、李四全都说谎是假的。因为在这三种情况中至少有一个人说的是真话。

从三种情况可以挑选出 $A=0$，$B=1$，$C=0$ 符合要求。

结论：张三说假话，李四说真话，王五说假话。

运用逻辑思维进行判断的题目，形式可以多种多样。请看下面两个问题：

"某次会议有 100 人参加。参加会议的每个人都可能是诚实的，也可能是虚伪的。现在知道下面两项事实：

（1）这 100 人中，至少有 1 名是诚实的。

（2）其中任何两人中，至少有 1 名是虚伪的。

请你判断：有多少名诚实的？多少名虚伪的？"

既然参加会议的人至少有 1 名是诚实的，就让这名诚实者与剩下的 99 人每人组成一对。根据"任何两人中，至少有 1 名是虚伪的"，可以推知剩下的 99 人都是虚伪的。

结论：1 名诚实的，99 名虚伪的。

另一个问题：

“张村只有一个磨坊，某师傅只知道它坐落在村的东头或西头，但是究竟在村东头还是在村西头呢？这位师傅可记不清了。一天，他走到了张村的街中央。他想打听磨坊的具体位置。尽人皆知，张村有一对爱管闲事的好朋友甲和乙，两个人长得非常相像，其中甲专说真话，乙专说假话。这位师傅正巧遇到了其中的一个，他分辨不出遇到的这个人是甲还是乙。请问：这位师傅如何能问出磨坊的确切位置？”

师傅应该这样来问：“如果我问到你的那位好朋友，磨坊在哪头，他将怎样回答呢？”然后按着他回答的反方向走，就一定能找到磨坊。

原因是这样的：

（1）如果师傅遇到的是甲。甲是说真话，甲若回答：“乙会说磨坊在西头。”这句回答肯定是真话。但是，乙是专门说假话的，乙说磨坊在西头，那么磨坊肯定在东头。

（2）如果师傅遇到的是乙。乙说假话，若回答：“甲会说磨坊在西头。”这句回答肯定是假话。但是，甲只说真话，因此，甲原来的回答肯定不是这样，甲会说磨坊在东头，因此，磨坊一定在东头。

下面这个“克赖格侦探访问传塞凡尼亚”问题，留给读者自己来分析：

侦探克赖格被派去调查传塞凡尼亚地方有关吸血鬼的案件。克赖格到达之后发现这个地方居住着吸血鬼和人。吸血鬼总是说谎，而人却诚实。然而，这里的半数居住者

（包括吸血鬼和人）神智不正常，所有的真话他们都认为是假话，所有的假话他们都相信是真的。另一半居住者神智正常，有正确的判断力。因此，实际上神智正常的人和神智不正常的吸血鬼只讲真话；神智不正常的人和神智正常的吸血鬼只讲假话。

克赖格侦探遇到两姐妹，路西和敏娜。他知道其中一个是吸血鬼而另一个是人，但是不知道她们的神智是否正常。下面是调查时的对话：

克赖格问路西："给我讲讲你们的情况。"

路西说："我们的神智都不正常。"

克赖格问敏娜："是真的吗？"

敏娜回答："当然不是。"

由此，克赖格已判断出两姊妹中谁是吸血鬼。请问：谁是吸血鬼？

结论：路西是吸血鬼。

自讨苦吃的理发师

公元前 6 世纪的古希腊人伊壁孟德是个传奇式的人物。

在一个神话里，他一下子睡了57年。伊壁孟德是克里特岛上的人，他说过这么一句话：

“所有的克里特人都是说谎的人。”

请问：伊壁孟德说的是真话吗？

现在来分析一下这句话：

如果伊壁孟德说的是真话，那么克里特岛上的人都是说谎的人，而伊壁孟德也是克里特人，那么伊壁孟德说的是假话；

如果伊壁孟德说的是假话，那么克里特人都应该是说真话的，而伊壁孟德也是克里特人，那么伊壁孟德说的是真话。

这真是怪事！你说他说假话吧，却推出了他说真话；你说他说真话吧，却又推出他说假话。不管你认为伊壁孟德说的是真话还是假话，总要出现矛盾。

古希腊人曾为伊壁孟德这句话大伤脑筋，无法判断这句话到底是真话还是假话。传说，古希腊有位诗人叫菲勒特斯，他因为常常思考这句话的答案变得身体非常瘦弱，以至于不得不在鞋里常常放上铅块，防止被大风刮跑。

实际上，伊壁孟德的说话问题是一个“悖（bèi）论”。什么是悖论呢？

一个命题A，如果它具有这样的性质：

（1）若假定A是真的，就可以按逻辑推出A是假的；

（2）若假定A是假的，就可以按逻辑推出A是真的。

这时称命题A是一个悖论。

古代人就发现过许多有趣的悖论。比如古希腊的哲学家喜欢讲一个鳄鱼的故事：

一位母亲抱着孩子在河边上玩耍，突然从河里窜出一条大鳄鱼，从母亲手中抢走了她的孩子。

母亲着急地叫道："把孩子还给我！"

鳄鱼说："你来回答我提出的一个问题。如果回答对了，我立刻就把孩子还给你。"

母亲恳切地说："你快说，是什么问题？"

鳄鱼说："你来回答'我会不会吃掉你的孩子？'你可要好好想想，答对了我就还你孩子，答错了我就吃掉你的孩子。"

母亲认真想了想说："你是要吃掉我的孩子。"

母亲出乎意料的回答使鳄鱼愣住了。它自言自语地说："如果我把孩子吃掉，就证明你说对了，说对了就应该把孩子还给你；如果我把孩子还你，又证明你说错了，说错了就应该吃掉孩子。哎呀！我到底应该吃掉呢，还是还给你？"

正当鳄鱼被母亲的回答搞晕了的时候，母亲夺过孩子，快步跑走了。

在古希腊哲学家讲的上述故事中也出现了一个悖论。而这个悖论却救了孩子一条命！

在众多的悖论中，"理发师悖论"占有重要地位。

张家村的一位理发师宣称："我的职责是给并且只给本村所有那些不给自己理发的人理发。"请问：这位理发师自己的头发该由谁来理呢?

如果这位理发师的头发由别人给他理，那么他就是不给自己理发的人。由这位理发师的宣言可知，他的头发应该自己理。

如果这位理发师的头发由自己来理，那么他就是给自己理发的人。由他的宣言可知，他的头发不能自己理，而应该由别人来理。

这样一来可就麻烦啦！按着他的宣言，他的头发既不能自己理，也不能由别人理。只好长成“长毛鬼”啦！

“理发师悖论”是由近代哲学家兼数学家罗素提出来的。罗素在“集合论”中发现一个悖论，这个悖论非常抽象，不好理解，数学上称为“罗素悖论”。罗素为了使人们能理解“罗素悖论”的实质，提出了通俗易懂的“理发师悖论”。由此，一个自讨苦吃的理发师诞生了。

毁灭神提出的难题

古印度是个信奉佛教的国家，在它的一些古代著作中有许多与神有关的问题。

传说有一个神叫哈利神，他长有四只手。他的四只手交换着拿狼牙棒、铁饼、莲和贝壳。哈利神四只手拿的四样东西排列不同，这个神就有不同的名字。请问哈利神可以有多少种不同的名字？

要知道哈利神会有多少种不同的名字，只要弄清楚这四样东西有多少种可能的排列方法就成了。具体的排法是：

第一只手	第二只手	第三只手	第四只手
(1)狼牙棒	铁 饼	莲	贝 壳
(2)狼牙棒	铁 饼	贝 壳	莲
(3)狼牙棒	莲	铁 饼	贝 壳
(4)狼牙棒	莲	贝 壳	铁 饼
(5)狼牙棒	贝 壳	莲	铁 饼
(6)狼牙棒	贝 壳	铁 饼	莲

先排出了第一组共有 6 种不同的排列方式。这一组排列的特点是：第一只手固定拿着狼牙棒，而其余的三只手交换着拿不同的三件东西。这种排列法使排列出的结果很有规律，不重不漏。做完了还可以检查结果对不对。由于铁饼、莲、贝壳出现在第二、三、四只手的机会是一样的，都是两次。多于两次不对，少于两次也不对。

这种有规则的排列方法还有一个好处，剩下的各组不用再具体排了。让第一只手固定拿着铁饼，其余三只手交换着拿狼牙棒、莲、贝壳时，又可以得出 6 种不同的排法；让第一只手固定拿着莲，其余三只手交换着拿狼牙棒、贝壳、铁饼，也可以得出 6 种不同的排法；让第一只手固定拿着贝壳，其余三只手交换着拿狼牙棒、铁饼、莲，还可以得出 6 种不同的排法。加在一起总共有 6＋6＋6＋6＝6×4＝24 种不同的拿法。

哈利神共有 24 种不同的名字。

还要对 24 这个数进行一番研究。我们已经知道 24＝6×4，而 6＝3×2×1。因此，24＝4×3×2×1，这也是有规律的。24 是 4 与 3 与 2 与 1 连乘的结果。

还有个故事说：湿婆神是印度教的主神之一，他是毁灭之神。湿婆神长有 10 只手。10 只手分别拿着 10 件东西：绳子、钩子、蛇、鼓、头盖骨、三叉戟、床架、匕首、箭、弓。按着哈利神的规定，湿婆神各只手拿的东西不同，也应该有不同的名字，问湿婆神会有多少不同的名字？

按着刚才的算法，应该有

10×9×8×7×6×5×4×3×2×1＝3628800 种不同的名字。

古印度这两道题，给我们提出了一类数学问题——排列问题。

捉鸡和求$\sqrt{2}$

求一个数的平方根，在初中已经学过查表。下面介绍两种求平方根的新方法，从思维方法上看，可能更重要一些。

先介绍试凑法：

以求$\sqrt{2}$为例。首先拿1做答案试一试，因为$1\times1=1$，比2要小，看来用1作2的平方根偏小了；

用2试一试，因为$2\times2=4$，比2要大，看来用2作2的平方根偏大了。

经过了两次试算，我们知道$\sqrt{2}$的值在1和2之间。

用1.5去试，因为$1.5\times1.5=2.25$，也偏大，但是我们看到这个值比1和4都更接近2；

用1.4去试，因为$1.4\times1.4=1.96$，1.96与2仅差0.04，更接近2。$\sqrt{2}$必然在1.4和1.5之间，而且靠近1.4。

再试1.41，因为$1.41\times1.41=1.9881$，这个值比2小；

再试1.42，因为$1.42\times1.42=2.0164$，比2大。$\sqrt{2}$的值在1.41和1.42之间。

这个试算过程可以一直持续下去，一直算到所需要的小数位。这种“寻找”$\sqrt{2}$的想法非常重要，它是用已知去探求、捕捉未知的一种基本方法，在数学中经常用到。可以用“胡同里捉鸡”来比喻这种方法的实质：

不知谁家的鸡跑到胡同里来了。忽然，从一家院子里跑出来了一个小男孩，他想捉住这只鸡。只见鸡在前面，一会儿快跑，一会儿慢走，小男孩一个劲在后面追，累得满头大汗也没有捉住这只鸡。这时候，从胡同的另一头，

走来一个小女孩，两个人一人把住一头，一步一步地逼近鸡。当两个小孩碰面的时候，鸡无处可逃，终于被捉住了。

如果把数轴当作一条胡同，把$\sqrt{2}$看作跑进胡同里的鸡，用试凑法求$\sqrt{2}$的值类似胡同里捉鸡，用两串数把$\sqrt{2}$夹在中间，不断缩小两串数的差：

$$1<\sqrt{2}<2,$$

$$1.4<\sqrt{2}<1.5,$$

$$1.41<\sqrt{2}<1.42,$$

$$1.414<\sqrt{2}<1.415,$$

$$1.4142<\sqrt{2}<1.4143,$$

……

需要精确到多少位，就可以精确到多少位。

用试凑法求平方根，必须从一大一小两边来逼近，不能像小男孩捉鸡那样，一个人只从一面去捉，这样就难于把鸡捉住。

尽管这个方法表现出的思路很重要，但是计算的工作量大，进展缓慢。下面介绍一个有趣的求平方根公式，它所使用的方法对电子计算机特别有用，所以很受数学家的重视。

想求出$\sqrt{2}$的近似值，首先要估值。如果第一个估计值取 1，第二个估计值取 2，求出 1 和 2 的平均值

$$\frac{1+2}{2}=\frac{3}{2}.$$

用$\frac{3}{2}$作为偏高一些的新估计值。另外

$$2\div\frac{3}{2}=\frac{4}{3}.$$

$\frac{4}{3}$是偏低一些的新估计值。这两个数的平均数给出一个更好的估计值

$$\frac{\frac{3}{2}+\frac{4}{3}}{2}=\frac{\frac{9}{6}+\frac{8}{6}}{2}=\frac{17}{12}=1.416.$$

这种算法可以一直算下去，直到达到要求为止。把这种算法输入到电子计算机中特别简单。指令机器先做一个除法，再做一个加法，最后做一个除法。这样循环反复进行，直到达到所求精确度为止。

一般来说，求一个数 N 的平方根（$N\geqslant 0$）。先选择$\sqrt{N}$的一个估计值 X_1，做除法$\frac{N}{X_1}$。把 X_1 和$\frac{N}{X_1}$相加后，再除以 2，得到一个改进了的估计值 X_2。可以得到以下公式：

$$X_2=\frac{X_1+\frac{N}{X_1}}{2}.$$

这个公式的直观意义是：求$\sqrt{N}$，如果 X_1 是一个较好的估计值，但偏大，而$\frac{N}{X_1}$又偏小，则这两个数的平均值必定是比这两个数都更好的估计值。数学上把这个式子叫递推公式。

下面用递推公式求$\sqrt{2}$的近似值：

取　$X_1=1$，

则　$X_2=\dfrac{1+\frac{2}{1}}{2}=\dfrac{3}{2}=1.5$；

取　$X_1=1.5$，

则　$X_2=\dfrac{1.5+\frac{2}{1.5}}{2}=\dfrac{1.5+1.33}{2}=1.415$；

取　$X_1=1.415$，

则　$X_2=\dfrac{1.415+\frac{2}{1.415}}{2}=\dfrac{1.415+1.413\,42}{2}=1.414\,21$；

取　$X_1=1.414\,21$，

则

$$X_2=\dfrac{1.414\,21+\frac{2}{1.414\,21}}{2}=\dfrac{1.414\,21+1.414\,217\,1}{2}$$

$=1.414\,213\,5$.

这时 X_1 和 X_2 相差的只有百万分之几了。

杯子里的互质数

匈牙利著名的数学家保罗·埃尔德什教授听说有一个叫路易·波沙的少年聪明过人，擅长解数学题，于是想去亲自考验一下他。

埃尔德什教授到了波沙的家中，见到了 12 岁的波沙。教授提了个问题："从 1，2，3 直到 100 中任意取出 51 个数，至少有两个数是互质的。你能说出其中的道理吗？"

波沙稍微想了一下，把父母和教授面前的杯子都移到自己的面前，他指着这些杯子说："这几只杯子就算 50 个吧。我把 1 和 2 这两个数放进第一个杯子，把 3 和 4 两个数放进第二个杯子，这样两个两个地往杯子里放，最后把 99 和 100 两个数放进第 50 个杯子里。我这样放可以吧？"

教授点点头说："可以，当然可以这样放了。"

波沙又说："因为我要从中挑出 51 个数，所以至少有一只杯子里的两个数全被我挑走，而连续两个自然数必然互质。"

埃尔德什教授笑着说："你的杯子能喝酒、喝咖啡，还能作题，你这是两用杯呀！"教授的几句幽默话把大家逗笑了。

埃尔德什教授追问："为什么相邻的两个自然数一定互质呢？"

波沙说：“假设a，b为两个相邻的自然数而又不互质，那么a和b必存在着大于1的公约数c，c一定是$b-a$的约数。因为$b-a=1$，$b-a$存在大于1的约数是不可能的。因此，两个相邻的自然数必互质。”

埃尔德什教授夸奖小波沙答得好！

小波沙在解答埃尔德什教授的问题时，使用了两个数学原理：抽屉原则和反证法。

什么是“抽屉原则”？

如果将$n+1$件物体放进n个抽屉里，那么至少有一个抽屉里放着两件或两件以上的物体。

抽屉原则的证明并不困难，可以用反证法来证：如果n个抽屉里每个抽屉至多放一件物体，则物体总数至多是n件，与假设将$n+1$件物体放进去矛盾，所以抽屉原则成立。

抽屉原则也叫作“鸽笼原理”或“鞋盒原理”，是数学中经常使用的原理。请看下面问题：

“在一所有400人的小学里，至少有两个小学生的生日相同。”

一个人的生日可以从 1 月 1 日到 12 月 31 日，把这些不同的生日看作 365 个或 366 个抽屉，而要把 400 个人的生日往这 365（或 366）个抽屉里“放”，至少有两个人的生日在同一个抽屉里，也就是至少有两个人的生日相同。

当然这个问题比较简单，直接一说就明白了。如果问题稍微复杂一点，在使用抽屉原则时，就要讲究一些方法了。请看下面问题：

“现有 9 个人，每人都有一支红蓝双色圆珠笔。请每个人用双色圆珠笔写‘爱科学’三个字，每个字必须用同一种颜色写，其中至少有两个人写字颜色是相同的。”

如果用 0 代表红色字，用 1 代表蓝色字，那么用红蓝两种颜色写“爱科学”三个字，会出现如下 8 种可能：

这 8 种可能可以看作 8 个抽屉，现在 9 个人写字，也就是要装进 9 件物体。由抽屉原则可知，至少有两个人所

写的字颜色相同。

数学竞赛特别喜欢出使用抽屉原则的题。下面这道题是美国第5届数学竞赛的试题：

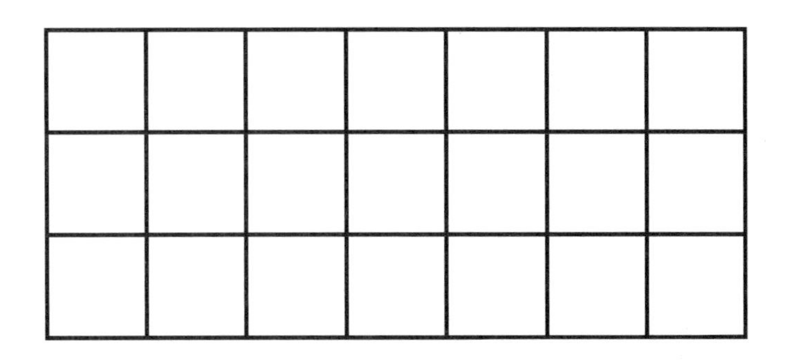

“如图，有一个3×7矩形，由21个小正方形组成。现在用两种颜色任意涂其中的小正方形。（1）证明不论怎样涂法必存在一个矩形，使其四角上小正方形颜色相同。（2）一种涂法，证明4×6不行。”

在证明写“爱科学”三个字的题中，我们用数字代替颜色，使用了编码的方法。用同样方法可以解这道竞赛题：

用0表示第一种颜色，用1表示第二种颜色，3×7矩形共有7列，每一列有三格。对于一列的三个格来说，必然至少有两个格涂同一种颜色。两个格涂同一种颜色共有6种可能：

（0，0，×），（0，×，0），（×，0，0），

（1，1，×），（1，×，1），（×，1，1），

其中×表示不管是0还是1。

现在有7列，必有两列涂色的方式相同。取定这两列，

从这两列中选取同色的两行，就可以得到四个顶角同色的矩形。

也可以用红、蓝两种颜色为例，具体往 3×7 矩形里填一下：

红	红	×	蓝	蓝	×	
红	×	红	蓝	×	蓝	
×	红	红	×	蓝	蓝	

把至少有两个格涂同一种颜色，所有六种可能填在前六列。不管你在最后一列填什么颜色，一定可找出一个四个角同色的矩形。

下面来回答第二个问题。在 4×6 矩形中，如下图的涂法，就不存在四角同色的矩形。

0	0	1	1	1	0
0	1	0	1	0	1
1	0	0	0	1	1
1	1	1	0	0	0

使用抽屉原则除了可以采用编码外，还可以采用涂色的方法。请看下面问题：

“在全世界范围内任意找出六个人来，证明其中的三个人要么彼此认识，要么不认识。”

现在用涂色方法来证明：

把六个人看作平面上六个点，两人认识用红色（或实线）表示，两人不认识用蓝色（或虚线）表示。

从六个点中任一个点 A，向其余五点用任何颜色作连线。根据抽屉原则至少有三条连线是同一种颜色。比如说是三条红线，这三条红线的另一端点为 B、C、D（图中用实线表示）。

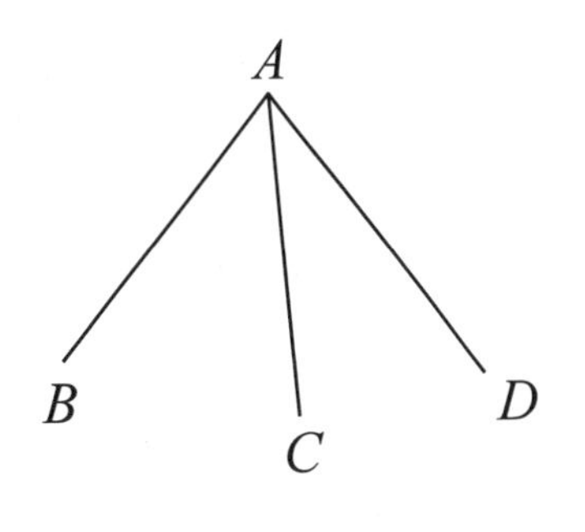

B、C、D 三点之间也要连线，这时有两种可能：

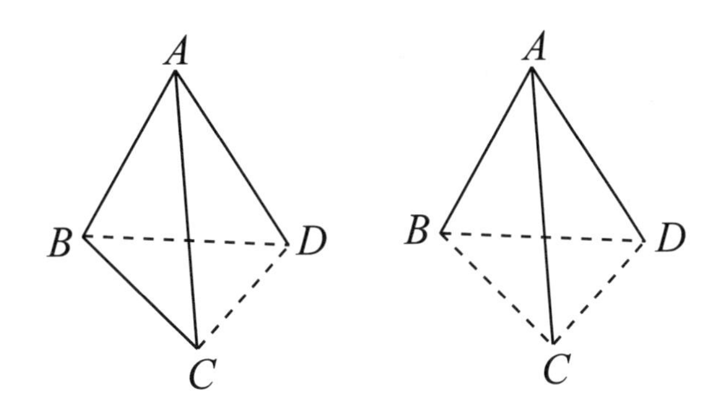

一种可能，至少有一条红线（实线），比如说 BC 线是红线，那么 A、B、C 构成的三角形三边是红色，表示 A、B、C 三个人彼此认识；

另一种可能，连接 B、C、D 的全是蓝线（虚线），那么 B、C、D 三人不认识。

下面的题目是第 6 届国际数学竞赛的题目：

“有 17 位科学家，每人都和其他 16 人通信，通信的内容仅仅讨论三个题目，并且任何两位科学家只讨论一个题目。证明：最少有三位科学家，在互相通信中讨论的是同一个题目。”

用涂色方法来证明的话，要把上述问题抽象成为一个数学问题：“用三种颜色涂 17 个点之间的所有连线。证明：至少有一个三角形的三条边是同一种颜色。”

在 17 个点中任选一点 A，它与其余 16 点有 16 条连线。16 条线涂上三种不同的颜色，至少有 6 条线涂相同颜色，不妨涂成红色。

这 6 条相同颜色线段的另一个端点只为 B、C、D、E、F、G。

这 6 个点可以构成一个六边形。六边形有 9 条对角线，再加上 6 条边总共有 15 条连线。

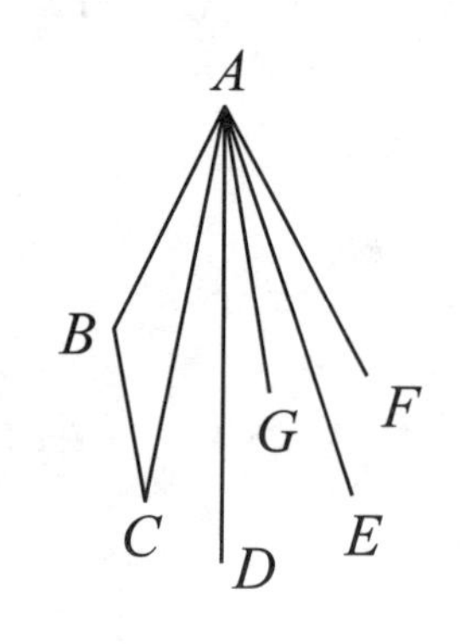

如果这 15 条线中有一条红色线，比如说 BC 是红线，那么$\triangle ABC$ 是红色三角形。

如果这 15 条线全涂成蓝色，这中间至少有一个蓝色三角形。

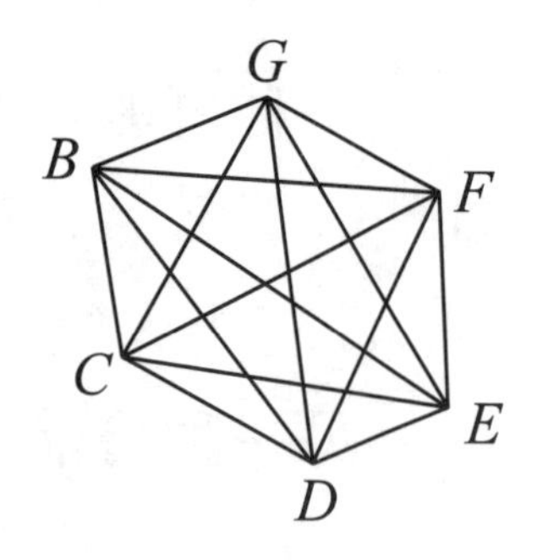

如果这 15 条线用蓝色、黄色两种颜色涂，就回到上面讲到的“6 个人其中三人要么认识，要么不认识”问题上去了，这里必存在一个同颜色的三角形，要么是蓝色的，要么是黄色的。

总之，至少存在一个三角形的三条线是同一种颜色的。

靠不住的推想

皮鞋店的货架上放着许多纸盒。

如果有人问："是不是每一个纸盒里都有鞋？"要回答这个问题，就要把一个一个盒子全部打开来看。

假如打开第一个盒子，看到里面有一双鞋，打开第二个盒子，里面也有一双鞋，第三个，第四个……接连七八个盒子，里面都有鞋，是否能推想"每一个盒子里都有鞋"？

这个推想靠得住吗？没有经过证明的推想，往往是靠不住的。很可能打开到第70个或第80个盒子，才发现原来有的盒子是空的。这样的例子生活中有，数学上就更多了。

瑞士大数学家欧拉曾经有过一个推想：能写成 n^2+n+41 的数一定是质数，这里 n 取自然数。欧拉是做过试算的，当 $n=1$ 时，$1^2+1+41=43$，43是个质数；当 $n=2$ 时，$2^2+2+41=47$，47是个质数；当 $n=3$ 时，$3^2+3+41=53$，53也是一个质数。欧拉这样一个数一个数试下去，一直试到 $n=39$，所有的得数都是质数。看来，这个推想可以成立了。可是在他试验 $n=40$ 时，$40^2+40+41=1681$，而 $1681=41^2$ 不是质数了。欧拉的推想也就不能成立。

这样的例子还不少。有人曾经推想：$991n^2+1$ 一定不是个完全平方数，也就是说它的平方根不是一个整数。他从 1 试算起，一个数一个数往下算，一直算到等 n 于 100，1000，10000，结果都不是完全平方数，都符合这个推想。

我们可能会想，从 1 到 10000 都试过了，没出过一次错，总该差不多了吧，这个推想总可以说是正确的了吧！谁料想，当 $n=12055735790331359447442538767$ 这么一个大数的时候，$991n^2+1$ 却是一个完全平方数，它的平方根是一个整数！这么大的数，一个人试一辈子恐怕也发现不了。

事实告诉我们，一个猜想单凭验证开头的若干项是正确的，还不能肯定它对所有自然数 n 都是正确的。前面我们看到的例子就说明了这点。

那么推想是不是没有用呢？不是的。发现数学上的规律，恰恰需要推想。关键是对推想需要证明。一个与自然数 n 有关的推想，如果能证明这个推想对于所有自然数 n 都是对的，那么就可以肯定这个推想是正确的了。

怎样证明呢？再拿皮鞋店里的纸盒来说吧，也可以不把所有的盒子打开就知道盒子里是否都有鞋。只需要做两步工作就可以了。第一步先问售货员："所有的盒子都按顺序编上号，你能不能保证，前一个盒子里有鞋，后一个盒子里一定也有鞋呢？"如果售货员说可以保证，再进行第二步，打开第一个盒子看看。只要第一个盒子里有鞋，就可以相信所有的盒子里都有鞋。

为什么通过这两步，就可以保证所有的盒子里都有鞋呢?

道理也很简单。已经亲眼看到第一个盒子里有鞋,而售货员已经作了保证:前一个盒子里有鞋,后一个盒子里一定也有鞋。因而可以推断,第二个盒子里一定有鞋;由于第二个盒子里有鞋,又可以推断第三个盒子里也有鞋。依次类推,就可以保证所有的盒子里都有鞋。

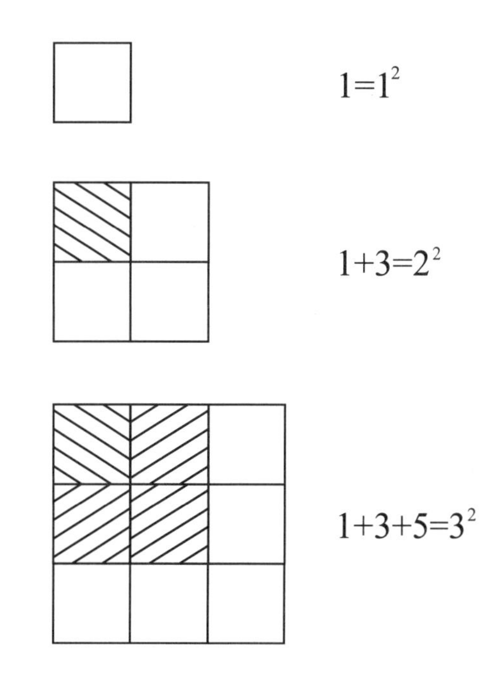

回到数学上来。由上图可以归纳出一个规律:

$$1+3+5+7+\cdots+(2n-1)=n^2.$$

这个规律是不是对于所有的自然数 n 都对呢?这里就用上面所说的两步来证明一下:

第一步,检验一下当 $n=1$ 时等式是否成立。

左边$=1$,右边$=1^2=1$,所以左、右两端相等。这就如同打开第一个盒子,看到里面有鞋一样。

第二步,用 k 和 k+1 代表任意相邻的两个自然数。假设 $n=\mathrm{k}$ 时等式是对的,如果能够推出 $n=\mathrm{k}+1$ 时也是对的话,就可以保证这个等式对于所有自然数 n 来说都是正确的。这如同任意两个相邻的盒子,前一个盒子里如果有鞋,就能保证后一个盒子里一定也有鞋一样。不过,这里不是由售货员来保证,而是看我们能不能推证出来。下面来试一试：

假设 n=k 时等式成立。就是

$1+3+5+\cdots+(2k-1)=k^2$

成立。

由于 2k－1 是一个奇数，紧接着它的奇数是 2k＋1，把上式两边都加上 2k＋1，得

$[1+3+5+\cdots+(2k-1)]+(2k+1)$

$=k^2+(2k+1)$,

$=(k+1)^2$.

这就证明了 n=k＋1 时，等式也是成立的。

从以上两步，我们就可以说，上面归纳出来的那条规律：

$$1+3+5+\cdots+(2n-1)=n^2,$$

对于所有自然数 n 来说都是正确的了。

这种证明方法叫作“数学归纳法”，在数学中是一种很重要的证明方法。凡是和自然数 n 有关的命题，可以考虑用数学归纳法来证明。

数学归纳法是 17 世纪法国数学家帕斯卡首先提出来的。

隐藏海盗

我国有一句成语叫“一枕黄粱”，讲的是穷书生卢生的故事。他在一家小店借了道士一个枕头。当店家煮黄粱米

时，他枕着枕头睡着了。梦中，他做了大官。可是一觉醒来，自己还是一贫如洗，锅里的黄粱米还没煮熟呢。

传说，这个做黄粱梦的卢生后来真做了大官。一次番邦入侵，皇帝派他去镇守边关。卢生接连吃败仗，最后退守一个小城。敌人把小城围了个水泄不通。卢生清点了一下自己的部下，仅剩 55 人，这可怎么办？

1	4	7	6
9			10
8	5	3	2

3	2	6	8
7			10
9	4	5	1

卢生左思右想，琢磨出一个退兵之计。他召来 55 名士兵，面授机宜。晚上，小城的城楼上突然灯火通明，士兵举着灯笼、火把来来往往。番邦探子报告主帅，敌帅亲临城下观看，发现东、西、南、北四面城墙上都站有士兵，虽然各箭楼上士兵人数各不相同，但是每个方向上士兵总数都是 18 人。

敌军主帅正弄不清卢生摆的什么阵式，忽然守城的士兵又换了阵式。并没有看见增加新的士兵，可是每个方向上的士兵却

变成了 19 人。

这究竟是怎么回事？敌方主帅百思不得其解。正当敌帅惊诧之际，每个方向 19 人变成了 20 人，又从 20 人变到 22 人。城墙上的士兵不停地摆着阵式，每个方向上士兵总数忽多忽少，变化莫测，一夜之间竟摆出了 10 种阵式，把敌军主帅看呆了。他弄不清这是怎么回事，以为卢生会施法术，没等天亮急令退兵。

4	1	7	8
6			9
10	2	5	3

8	3	5	6
4			7
10	1	2	9

类似的说法在日本也有。日本江户时代，有个叫柳亭仲彦的日本人，写了一本叫《柳亭记》的书，书中有这样一个故事：

在中国和日本的中间，有个检查船只的关卡。关卡修成四方形的，每边都站有 7 名士兵，通常称为 7 人哨所。有一次，8 个海盗被官兵追赶，苦苦哀求守关卡的士兵把他们隐藏，如能救他们，发誓不当海盗。可是关卡就那么大一点地方，怎么能藏下 8 个人呢？装扮成士兵共同守城吧？可是谁都知道关卡是 7 人哨所，每边固定为 7 个人。

正当大家一筹莫展之时，一个士兵想出了个主意。让 8 名海盗假扮成守关士兵，把关卡上人员配置改换了一下。

3	1	3
1		1
3	1	3

1	5	1
5		5
1	5	1

官兵乘船追到，没有发现海盗，一数关卡上的士兵，每边还是 7 人，于是官兵乘船离去。

后来，人们就把类似这样的问题称为“藏盗问题”。

上面讲述的是两个不同问题。第一个是守城的总人数不变，而使每个方向上的人数变化；第二个是每个方向上的人数不变，而守城的总人数发生变化。但是，这两个问题有一个共同之处，它们变化的关键是在四个角上。以东南角上的士兵数为例，计算东边人数时要数他们一次，计算南边人数时还要数他们一次。因此，在总人数不变的前提下，要增加每个方向上的人数，必须增加四个角上的人数，而减少中间的人数；反过来在每个方向人数不变的前提下，要增加总人数，必须减少四个角上的人数，而增加中间的人数，只要掌握这个规律，摆布方阵就不困难了。

高级密码系统 *RSA*

密码通信在军事上、政治上、经济上都是必不可少的。前面曾提到 16 世纪法国数学家韦达在法国和西班牙打仗期间成功地破译了一份西班牙的数百字的密码，使法国打败了西班牙。第二次世界大战期间，美军成功地破译了日军的密码电报，得知日本海军头目山本五十六的动向，预先设下埋伏，一举击落山本五十六的座机，使这个侵略军头子葬身孤岛。

随着科学技术的不断进步，编制密码的难度也越来越大。前几年国外特工人员设计了一种用数字组成的高级密码系统。要破译这种密码，必须有将大到 80 位的数字分解成质因数连乘积的本事。可是数学上将一个大数分解成质因数连乘积是十分困难的事。这种高级密码系统用三位发明者姓名的第一个字母 *RSA* 命名，叫“*RSA* 密码系统”。

借助电子计算机帮助会不会好一些呢？科学家曾推算过，利用每秒钟能运算 100 万次的大型通用电子计算机，要将一个 50 位的大数分解因数，也要一年以上的时间。

1984 年 2 月 13 日，美国《时代》周刊报道了一个惊人的消息：美国数学家只用了 32 小时，将一个 69 位的大数分解质因数获得成功，创造了世界纪录。

事情是这样的：1982 年秋天，桑迪亚国立实验室应用数学部主任辛摩斯与克雷计算机公司的一位工程师在一起聊天。辛摩斯提到了一个大数的因数分解，全要靠尝试，实在困难。工程师说，克雷计算机公司研制出一种计算机，它能同时抽样整串整串的数字。这种计算机或许适用于因数分解。两人答应合作。他们在这种计算机上成功分解了58位、60位、63位、67位，最后解决了一个69位数的分解因数。这个69位的大数，是17世纪法国数学家梅森汇编的一张著名数表中最后一个尚未分解的数，这个大数是$2^{251}-1$，全部写出来是

132686104398972053177608575506090561429353935989033525802891469459697。

这个大数分解成了三个基本因数，解决了遗留了300多年的难题，也使*RSA*密码系统面临新的挑战。

电子计算机与红楼梦

我国清代名著《红楼梦》的前八十回与后四十回是否出自曹雪芹、高鹗两人之手？这是红学研究上一个重要又很难解决的问题。

1980年6月，在美国举行的首届国际“《红楼梦》讨论会”上，美国威斯康星大学讲师陈炳藻宣读了一篇题目为“从词汇统计论证《红楼梦》的作者问题”的论文。陈炳藻讲师把曹雪芹惯用句式、常用词语以及搭配方式等作为样本储存到电子计算机里，作为检验的依据。然后对前八十回和后四十回进行比较鉴别，结果发现两者之间的正

相关达80%，因此陈炳藻讲师得出的结论是：前八十回与后四十回都出自曹雪芹一人之手。

各个作家经历不同，遣词造句的风格也不同。曹雪芹在遣词造句上更是独具匠心。俗话说："刻画人物难，最难是眼睛。"在《红楼梦》里，形容宝玉的眼睛是"眉如墨画，目若秋波，虽怒时而若笑，即瞋视而有情"。寥寥数语，把宝玉的眼睛写活了。再比如写黛玉的眼睛是"两弯似蹙非蹙笼烟眉，一双似喜非喜含情目"。这样的"奇眉""妙目"，纵使由高明的画家来画，也很难表现得恰如其分。

把《红楼梦》中的词汇，或按人物，或按环境，或按情节，分门别类，编成二进制的数码，贮存在电子计算机里。要验证某种用词是否属于曹雪芹的笔法，只要将该词编成二进制数码，输入电子计算机里，电子计算机就会从大量贮存的《红楼梦》词汇信息库中，去查找它们的相关程度，然后做出"是"或"非"的判断。所谓相关程度，是指对特定对象描写时，遣词造句的内在一致性。

例如，黛玉在贾府对不同人物有不同的"笑"：对宝玉"含情""微嗔"的笑；对袭人"淡淡""讥讽"的笑；对周瑞家的"轻蔑""冷嘲"的笑；对紫鹃"凄然""温存"的笑……这些用词同黛玉那种多愁善感、孤傲不屈的性格完全一致，这就叫"正相关"。如果用"横眉冷对""龇牙咧嘴"等词去描写林黛玉的笑，就与黛玉性格格格不入了，就不符合曹雪芹遣词造句的风格，这叫作"负相关"。

陈炳藻用电子计算机所测定的，就是《红楼梦》前八十回和后四十回用词的正负相关程度。他按章回顺序将《红楼梦》分成三组：A 组为一至四十回，B 组为四十一回至八十回，C 组为八十一回到一百二十回。为了验证结果的可靠性，他还选了一部与《红楼梦》笔法完全不同的文学作品《儿女英雄传》作为 D 组。从各组随意选取八万字，并划分名词、动词、形容词、副词、虚词等五类，每个词编成二进制数码后，输入到电子计算机内进行比较和统计。比较结果是：A 组与 B 组用词的正相关达 92%，这说明前八十回用词和谐统一；前八十回与后四十回用词正相关达 80%，这说明前八十回与后四十回用词基本一致；而《红楼梦》前八十回与《儿女英雄传》用词的正相关只有 32%。由此，陈炳藻认为《红楼梦》的前八十回与后四十回均出自曹雪芹一人之手。

尽管陈炳藻所得结论还不能被大多数红学家所接受，但是电子计算机是研究《红楼梦》的有力工具是不能否认的。电子计算机将 200 多年来《红楼梦》研究的全部资料，甚至连断篇残稿、各家注评、草稿手迹，全部贮存起来，对这些资料进行比较、分析、归类、分目、汇编、综合、存疑。因此，有人称电子计算机为“新红学家”。

在我国台湾的台北大学数学和控制论研究所里，就有这样一位“新红学家”，它叫“快速电子计算机 R_4”。研究人员计划叫它“读”完《红楼梦》的各种版本、孤本、残稿以及浩如烟海的红楼梦考证史料，将来用以编写一系列《红楼梦》研究辞典，为红学研究做出贡献。

上面谈的鉴别方法，现在被广泛使用在文学研究上。科学家认为，对于常用词汇的搭配，不同的作家会有不同的频率，这样就产生了一种伪造不了的“文学指纹”，英国科学家用这种方法发现了莎士比亚的佚文。

出现于 16 世纪 90 年代的一部五幕剧叫《爱德华三世》，剧中表现了 14 世纪英格兰国王爱德华三世勇武的骑士精神。该剧的作者究竟是谁呢？戏剧界一直争论不休，争论持续了几百年。后来通过计算机对该剧的语言风格进行分析，确认了《爱德华三世》是莎士比亚的一部早期作品。

利用计算机来计算一部作品或一位作者的平均句长，对他们使用的字、词、句出现的频率进行统计研究，从而确定作者的风格，这个方法叫作“计算风格学”。现在计算风格学已经成为社会科学领域中一门饶有趣味的学科，在考证作者真伪上发挥了很大的作用。

诺贝尔文学奖获得者、著名的苏联作家肖洛霍夫的长篇小说《静静的顿河》被公认为是世界名作。1965 年，有人指出肖洛霍夫这部作品是抄袭哥萨克作家克留科夫的，在文学艺术界一时掀起了轩然大波。为了弄清谁是《静静的顿河》的真正作者，捷泽等几位学者采用了计算风格学的方法，从句子的平均长度、词类统计等6个方面进行统计和分析获得了可靠的数据，通过比较，最后确定肖洛霍夫是真正的作者。

用计算机来研究文学的这个新兴学科在我国也已经建立。1986年深圳大学的研究人员为古典名著设计了一套研究系统，把《红楼梦》贮进了磁盘。

1987年8月，深圳大学完成了把共有25卷、1万多页、330万字的《全唐诗》编制电脑研究系统的繁复工作，将2200位诗人的48900首诗贮存在95个磁盘里。这些磁盘能在几秒钟内提供大量的信息。这台电子计算机一分钟内干的事需要一个人干三个月。它能做常人实际上办不到的事情。

比如，通过计算机能迅速查到任何一句诗或任何一句话，并能告诉你它的原诗的名字在《全唐诗》的哪一页上。

电子计算机的研究表明，唐代诗人特别喜欢描写月、风、云、山，因为这四个字在《全唐诗》中出现的次数都在12000以上。

巨石计算机

在英格兰东南部的历史名城索尔兹伯里附近有一个叫阿姆斯伯里的小村庄，村西有一座由许多根硕大无朋的石柱围成的史前建筑。这些石柱排成圆形，直径有70多米。

石柱最高的有 10 米，平均重量有 25 吨。有些石块是放在两根竖直石柱之上的。古代英国人给它起了个名字叫“高悬在天上的石头”。现在这里是英国的旅游胜地之一。

考古学家已经弄清楚，这座石头城是分三个时期建设的。第一期工程完成于公元前 1900 年左右，第二、三期工程分别在公元前 1750 年和公元前 1650 年左右建成。那时，英国所在的岛屿正处在由石器时代向铜器时代的过渡阶段。

那么，当初居民为什么要从事这项巨大工程呢？这引起了科学家的争论。20 世纪 60 年代中期，天文学家霍金斯通过对石头城仔细的测量、计算，发现了一个重要事实：石头城的中间是一圈石柱，外围还有许多大小石块，其中许多石头两两连接而成的直线，瞄准着某个特定时刻的某个天体的方向，这里说的天体主要是指太阳和月球。霍金斯计算了全部石头所连的直线所指的方位，这种连线竟有 20700 根之多。显然工作量太大。霍金斯把它们输入“IBM7090 电子计算机”中，电子计算机很快给出了激动人心的结果。比如，有一组石头共 14 块，它们的连线中有

24 根线分别在夏至、冬至和其他节气时，指向太阳和月亮升起或降落的方向。又比如，太阳光或月光穿过由石柱构成的一扇扇“石门”或“石窗”时，也都标志着历法上的某个时刻。霍金斯在电子计算机的帮助下，解开了石头城之谜。原来这个石头城是英国古代居民用来确定 24 个节气的一本“石头天文历”。

霍金斯在读《古代世界史》一书时，又有了新的发现。这本史书是公元前 50 年左右的古希腊历史学家狄奥尼修斯写的，这本书中竟然提到了远隔重洋的英格兰。书中说：“在这个岛上，有一座雄伟壮观的太阳神庙。”据说，“月亮神每隔 19 年要光临这个岛国一次。”

书中指的太阳神庙就是这座古老的石头城。“月亮神每隔 19 年光临一次”是什么意思？作为天文学家的霍金斯对天象是十分熟悉的，他想，这莫非是指在当地能观测到月食的周期？他又制订了新的计算方案，输入到电子计算机里。计算结果表明：石头城不但能确定季节，还可以用来计算日食和月食的日期。上图是石头城里石柱、石块复原图。图中标出了三个可以计算当地月食日期的特殊位置。第 56 号位置表示，在冬至或夏至日的晚上，如果月光正好从这个位置照过来，就会发生月食；

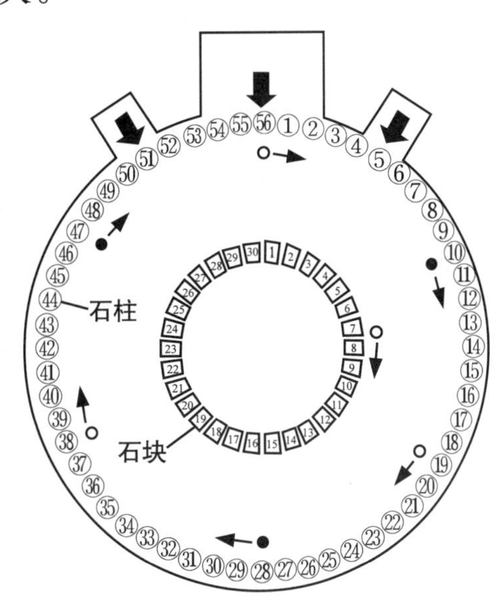

第5号位置表示，春分或秋分时节，月亮正好沉落在这个位置上，也会发生月食；第51号位置表示，在春分或秋分时节，月亮从这个位置升起，将发生月食。这三种方法所预测的月食周期，都恰好是19年！

科学家惊奇地发现，石头城是一台用来计算日食、月食周期的巨石计算机！

神奇的希尔伯特旅馆

$0.\dot{3}=0.3333\cdots$是一个无限循环小数；

$\sqrt{2}=1.414213\cdots$是一个无限不循环小数。

人们对无限的理解，经历了一个漫长过程。一般人看来，无限就是没完没了，没有尽头，没有止境。过去，有人把无限看成是神秘的、不可捉摸的东西，也有人把无限看成是崇高的、神圣的东西。

英国诗人哈莱曾写诗颂扬过无限。他写道：

我将时间堆上时间，
世界堆上世界，
将庞大的万千数字，
堆积成山。
假如我从可怕的峰巅，
晕眩地再向你看，
一切数的乘方，

不管乘千来遍，
还是够不着你一星半点。

诗中的“你”指的就是无限！

德国哲学家康德曾为“无限”不可理解而苦恼过。他说：“无限像一个梦，一个人永远看不出前面还有多少路要走。看不到尽头，尽头是摔了一跤或者晕倒下去。”可是，尽管你摔了一跤或者晕倒下去，你也没有到达无限的尽头呀！

随着科学的不断发展，人们开始研究无限了。通过研究，发现无限并不像有些人想象的那样神秘。无限有它自己的性质，有些性质在有限中是找不到的。

首先要提起的，是 16 世纪意大利著名科学家伽利略。他提出了一个关于无限的著名悖论，叫“伽利略悖论”。

“伽利略悖论”的内容是：“正偶数和自然数一样多。”

谁都知道自然数由正偶数、正奇数和零组成，正偶数只不过是自然数的一部分，怎么会部分等于全体呢？在欧几里得的《几何原本》中，第 5 条公理明明写着“整体大于部分”。

但是，伽利略所说的，也绝不是没有道理。首先，伽利略论述的对象都有无限多个，而不是有限个。对于有限个来说，“部分小于全体”无可争议。从 1 到 10 的自然数比从 1 到 10 的正偶数就是多。但是把这个用到无限上就要重新考虑了。对于有限来说，说两堆物体数量一样多，只要把各堆物体数一下，看看两堆物体的数量是否相等就可以。可是，对于两个无限数量，比如自然数和正偶数谁多谁少，数的办法已经不成了，因为无限多个永远不可能数完。

其实，不用数数的办法也可以知道两堆物体的数量是否一样多。居住在非洲的有些部族，数数最多不超过3，但是他们却知道自己放牧的牛羊是否有丢失。办法是，早上开圈放羊时，让羊一只一只往外出。每出一只羊，牧羊人就拾一块小石头。羊全部出了圈，牧羊人拾了一堆小石头。显然，羊的个数和小石头的个数是一样多的。傍晚，放牧归来，每进圈一只羊，牧羊人从小石头堆中扔掉一块石头。如果羊全部进了圈，而小石头一个没剩，说明羊一只也没丢。非洲牧羊人实际上采取了“一对一”的办法，两堆物体只要能建立起这种一对一的关系，就可以说明两堆物体的数量一样多。

对于无限多的比较，既然不能一个一个地去数，那就只可以仿效非洲牧羊人的办法，看看能不能建立起这种一对一的对应关系。实际上，正偶数和自然数是可以建立起这种关系的，办法是：

正偶数：	2	4	6	8	…	$2n$
		$\updownarrow$	$\updownarrow$	$\updownarrow$	$\updownarrow$	$\updownarrow$
自然数：	1	2	3	4	…	n

按着建立起的这种关系，你每给一个自然数 n，我都有一个正偶数 $2n$ 与 n 相对应；你选的自然数不同：$n_1 \neq n_2$，我这里相对应的两个正偶数也不同：$2n_1 \neq 2n_2$。反过

来，对于每一个正偶数 $2n$，都有一个自然数 n 与之对应；两个正偶数不同，相对应的两个自然数也不同。因此，伽利略所说的“正偶数和自然数一样多”是完全有道理的。

伽利略这一重要的发现，第一次揭示出无穷集合的特性：部分可以等于全体！这样一来，岂止是正偶数和自然数一样多，所有 3 的倍数也和自然数一样多，因为它们之间同样可以建立起关系：$3n \leftrightarrow n$。所有 4 的倍数也和自然数一样多，因为也有关系：$4n \leftrightarrow n$。

这一崭新的结果，对于习惯比较有限量的人来说往往是不可理解的。他们称本来正确的结论为“伽利略悖论”。

在 19 世纪末到 20 世纪初，德国著名数学家希尔伯特为了通俗地向一般人介绍无穷集合的这种特殊性质，编了一个住旅馆的故事。

旅馆经理 A 坐在旅馆的门口。他的旅馆有 100 套客房，现在已经住了 100 位旅客，客房全部住满了。一个旅客匆匆走进旅馆，要求住宿。经理 A 双手一摊说："实在对不起，所有房间都住了人。请您到别处看看。" 尽管旅客再三请求，经理 A 表示无能为力。

另一座旅馆，经理 B 坐在旅馆的门口。他的旅馆客房和自然数一样多，有无穷多间客房。客房虽然有无穷多间，可是也全部住满了。旅客匆匆走进旅馆，要求住宿。经理 B 笑着说："尽管我的旅馆中所有客房都已经住满，但是，你还是可以被安排住下的。" 经理 B 让服务员去重新安排一下旅客的住房：让住 1 号的旅客搬到 2 号住，让住 2 号的旅客搬到 3 号住，如此下去，让住在 n 号房间的旅客搬到 $n+1$ 号房间去。这样一来，就把 1 号客房腾了出来，让新来的旅客住进了 1 号客房。

旅客刚刚住下，忽然门外又来了和自然数一样多的旅客同时要求住宿。经理 B 笑容可掬地对无穷多位旅客说："虽说我的客房全部住满了，可是我还是可以安排你们这无穷多位旅客全部住下的，请稍候。" 经理 B 让服务员重新安排一下旅客的住房：让住 1 号的旅客搬到 2 号住，让住 2 号的旅客搬到 4 号住，如此下去，让住在 n 号房间的旅客搬到 $2n$ 号去住。这样一来，把所有奇数号的房间都腾了出来，让这无穷多位旅客住到奇数号房间去。由于所有的正奇数和自然数一样多，所以完全可以住得下。

后来，人们就把这座有和自然数一样多间客房的旅馆起名叫“希尔伯特旅馆”。

从“虚无创造万有”的教授

在17世纪末到18世纪初，意大利的比萨大学有一位哲学和数学教授叫格兰迪，他既是教授又是僧侣。由于他的双重身份，他既研究数学，又让数学为宗教服务。

格兰迪曾用数学来说明，神可以从“虚无创造万有”。他找来无穷个1的代数和 x，即

$$x=1-1+1-1+1-1+\cdots$$

格兰迪说，x 的值可以是0，也就是“虚无”。方法是，从第一个数开始，每两个数都加一个括号，得

$$\begin{aligned} x &= (1-1)+(1-1)+(1-1)+\cdots \\ &= 0+0+0+\cdots \\ &= 0. \end{aligned}$$

格兰迪说，x 的值可以是1。方法是，从第二个数开始，每两个数都加一个括号，得

$$\begin{aligned} x &= 1-(1-1)-(1-1)-\cdots \\ &= 1-0-0-0-\cdots \\ &= 1. \end{aligned}$$

格兰迪又说，我还可以让 x 的值等于 $\frac{1}{2}$。方法是：

$$\begin{aligned} x &= 1-1+1-1+1-1+\cdots \\ &= 1-(1-1+1-1+1-\cdots) \end{aligned}$$

$$=1-x$$

$$x=\frac{1}{2}.$$

格兰迪对 $x=\frac{1}{2}$ 还做了解释：可以设想一个父亲将一件珍宝遗留给两个儿子，每人轮流保管一年，所以每人应得 $\frac{1}{2}$。

由上面三个结果，可以得出

$$0=\frac{1}{2}=1.$$

格兰迪说，你随便给一个数，我都可以从 0 把它创造出来。比如，给一个 675，由

$$0=1$$

两边同时乘以 675，得

$0\times675=1\times675$,

$0=675$.

格兰迪说，这就是从虚无（0）创造万有（任意数）。

那么，格兰迪的骗人之处在哪儿呢？他把有限项和的运算法则，偷偷用到了无限项和上了。但是，许多适用于有限项和的运算根本不再适用于无限项和。所以，格兰迪的运算出现了一系列错误。

诺贝尔为什么没设数学奖

诺贝尔奖在全世界有很高的地位，许多科学家梦想着能获得诺贝尔奖。数学被誉为“科学女皇的骑士”，却得不到每年由瑞典科学院颁发的诺贝尔奖，过去没有，将来也不会得到。因为瑞典著名化学家诺贝尔留下的遗嘱中没有提出设立数学奖。

事实上，遗嘱的第一稿中，曾经提出过要设立这项奖金。为什么以后又取消了呢？流传着两种说法：

第一种是在法国和美国流行的说法。与诺贝尔同时期的瑞典著名数学家米塔·列夫勒曾是俄国彼得堡科学院外籍院士，后来又是苏联科学院外籍院士。米塔·列夫勒曾侵犯过诺贝尔夫人。诺贝尔对他非常厌恶。为了对他所从事的数学研究进行报复，所以不设立数学奖。

第二种是在瑞典本国流行的一种说法。在诺贝尔立遗嘱期间，瑞典最有名望的数学家就是米塔·列夫勒。诺贝尔很明白，如果设立数学奖，这项奖金在当时必然会授予这位数学家，而诺贝尔很不喜欢他。

数学这样一门重要学科怎么能没有国际奖呢？第一个提出要改变长期没有国际数学奖状况的是加拿大数学家约翰·查尔斯·菲尔兹。在他担任国际数学家大会组织委员会主席期间，于1932年提出设立数学优秀发现国际奖。当时为了强调这项奖的国际性，决定不以过去任何一个伟大数学家的名字命名。

1932年在苏黎世召开的第九次国际数学家大会通过了菲尔兹的提议，但菲尔兹本人在大会召开前一个月去世。为纪念他的功绩，大会决定以他的名字命名这项数学奖。与诺贝尔奖不同的是，这项奖每隔四年只授予年龄在40岁以下的数学家，获奖人应该是过去四年内被公认的优秀数学家。

菲尔兹奖章是纯金制成，正面是阿基米德的头像，用拉丁文写着："超越人类极限，做宇宙主人。"背面用拉丁文写着："全世界的数学家：为知识做出新的贡献而自豪。"奖金是1500美元。

1936年，首届菲尔兹奖授予芬兰青年数学家阿尔斯·阿尔福斯和美国青年数学家杰西·道格拉斯。在以后的50年内，获得此项奖的青年数学家共有30人。美籍华裔数学家丘成桐因在微分几何上做出了突出贡献，于1982年获菲尔兹奖。

2006年8月在西班牙召开的第25届国际数学家大会上，31岁的华裔数学家、有"数学界的莫扎特"之称的陶哲轩，获得了菲尔兹奖。

陶哲轩 2 岁学加法，7 岁学微积分，12 岁上大学，16 岁大学毕业，赴美留学，21 岁获普林斯顿大学数学博士，24 岁被聘为数学教授。他在调和分析研究上取得重要成就。

目前，中国数学会有三大数学奖：华罗庚奖、陈省身奖和钟家庆奖。

国际数学联盟迄今负责 3 项数学大奖：1932 年设立的菲尔兹奖，1982 年设立的信息科学领域的内万林纳奖，2006 年首次颁发的应用数学领域的高斯奖。

国际数学联盟最近决定，2010 年在印度举行的国际数学家大会上，在世界范围内首次颁发陈省身奖，用以纪念 20 世纪最伟大的几何学家、享誉世界的“微分几何之父”陈省身。这是国际数学联盟第一个用华人数学家命名的国际数学大奖，陈省身奖 4 年颁发一次，包括一枚奖章和 50 万美元的奖金。

挪威政府 2002 年创立以挪威著名数学家阿贝尔命名的阿贝尔奖，奖励全世界在数学研究上做出突出贡献的数学家。该奖仿效诺贝尔奖，每年颁发一次，奖金为 87.5 万美元，和诺贝尔奖的 100 万美元相差不多，是目前国际数学奖中奖金最高的。

速算趣谈

许多人有惊人的心算能力。有一次，著名物理学家爱因斯坦生病卧床。一位朋友去看他，给他出了道乘法题作为消遣。

朋友问：“2974×2926 等于多少?”

爱因斯坦很快说出答案是 8701924。

原来爱因斯坦注意到 74＋26＝100，他采用了一种速算法：

29×30＝870，

74×26＝（50＋24)（50－24）＝50^2－24^2＝1 924，把两个答数接起来，得答数 8701924。

1846 年，发现海王星的英国天文学家亚当斯发现了一个叫亨利·斯塔福德的 10 岁男孩擅长心算。

亚当斯让他心算：

365365365365365365 × 365365365365365365。这可是有意刁难人家小孩啦！谁料想，这个小孩思索了一会儿，说出了答案：

133491850208566925016658299941583225。答案完全正确！

法国图尔城，有个农民的儿子叫安利·蒙特。法国科学院院长庞加莱曾问他 756^2＝？52 年中共有几分钟？他很快就答出来了。

1840 年 12 月 4 日，科学院组织了一个专门考评组，该组包括著名数学家柯西、刘维尔等。考评组一连向安利·蒙特提了好几个问题，其中第 12 个题目是：

问：“求两数，使其平方差等于 133。”

答："66 和 67。"

问："还有更简单的一对数是哪两个？"

安利·蒙特准确的回答使在场人都很惊讶。

1944 年，电子计算机创始人冯·诺伊曼和著名物理学家费米、费曼等在一起，加紧研制原子弹。费米喜欢用计算尺，费曼爱用手摇计算机，而冯·诺伊曼只用心算。三个人有时同算一道题，结果总是冯·诺伊曼最先算完。费米等人称赞说："冯·诺伊曼的大脑就是一台惊人的计算机！"

2. 名题荟萃

神父的发现

被称为“17世纪最伟大的法国数学家”的费马，对质数（即素数）作过长时期的研究。他曾提出猜想：当 n 为非负整数时，形如 $f(n)=2^{2^n}+1$ 的数一定是质数。后来，欧拉指出当 $n=5$ 时，$f(5)=2^{2^5}+1$ 是合数，因此，费马的这个猜想是错误的。

判别一个数是不是质数，常用试除法。这种方法做起来很麻烦，有时用因式分解的方法反而省事，以 $f(5)=2^{2^5}+1$ 为例：

$$
\begin{aligned}
f(5)&=2^{2^5}+1=2^{32}+1=2^4(2^7)^4+1\\
&=16(2^7)^4+1\\
&=(5\times3+1)(2^7)^4+1\\
&=(2^7\times5-5^4+1)(2^7)^4+1\\
&=(1+2^7\times5)(2^7)^4+1-(2^7\times5)^4\\
&=(1+2^7\times5)(2^7)^4+[1-(2^7\times5)^2][1+(2^7\times5)^2]
\end{aligned}
$$

$=(1+2^7\times5)(2^7)^4+(1+2^7\times5)(1-2^7\times5)[1+(2^7\times5)^2]$

$=(1+2^7\times5)\{(2^7)^4+(1-2^7\times5)[1+(2^7\times5)^2]\}$.

$=641\times6700417$.

说明 $n=5$ 时，$f(5)$ 是合数。

1880 年法国数学家路加算出

$f(6)=2^{2^6}+1=18\ 446\ 744\ 073\ 709\ 551\ 616$

$=274\ 177\times67\ 280\ 421\ 310\ 721$.

1986 年，美国的克莱—2 型超级计算机经过长达十几天的连续计算，肯定 $f(20)=2^{2^{20}}+1$ 是一个合数，被收入吉尼斯世界纪录大全。

后来，人们就把 $f(n)=2^{2^n}+1$ 形式的数叫“费马数”。说来也奇怪，费马生前验算了前 5 个费马数 $f(0)=2^{2^0}+1=2+1=3$，$f(1)=2^{2^1}+1=4+1=5$，$f(2)=2^{2^2}+1=16+1=17$，$f(3)=2^{2^3}+1=256+1=257$，$f(4)=2^{2^4}+1=65\ 537$，结果个个都是质数。但是，从费马没有验算过的第 6 个费马数开始，数学家再也没有找到哪个费马数是质数。现在人们找到的最大费马数是 $f(1945)=2^{2^{1945}}+1$，其位数多达 $10^{10^{584}}$ 位，这可是个超级天文数字，当然它也不是质数。

在寻找质数规律上做出重大贡献的，还有 17 世纪法国数学家、天主教的神父梅森。梅森从小热爱科学，23 岁进了修道院，后来当了神父。当时欧洲的学术杂志很少，数学家通过书信往来，交流信息，讨论问题。梅森和同时代的最伟大的数学家保持着频繁的通信联系。梅森写了很多信件，将平日收集到的资料分寄给欧洲各地的数学家，然后整理寄回来的信，再作交流。梅森长年做此工作，对当时科学的发展起了重要作用，做出了很大贡献。梅森被誉为“有定期数学杂志之前数学概念的交换站”。

神父梅森于1644年发表了《物理数学随感》，其中提出了著名的梅森数。梅森数的形式为2^p-1。梅森整理出11个p值，使得梅森数2^p-1成为质数。这11个p值是2，3，5，7，13，17，19，31，67，127和257。你仔细观察这11个数不难发现它们都是质数。不久人们证明了：如果梅森数是质数，那么p一定是质数。但是要注意，这个结论的逆命题可不成立，即p是质数，2^p-1不一定是质数，比如$2^{11}-1=2047=23\times 89$，它是一个合数。

梅森虽然提出了11个值可以使梅森数成为质数，但是他对这11个p值并没有全部进行验证，一个主要原因是数字太大，难于分解。当$p=2$，3，5，7，13，17，19时，相应的梅森数为3，7，31，127，8191，131071，524287。由于这些数比较小，人们已经验证出它们都是质数。

1772年，65岁双目失明多年的数学家欧拉用高超的心算能力证明了$p=31$的梅森数是质数：

$$2^{31}-1=2147483647.$$

还剩下$p=67$，127，257三个相应的梅森数是不是质数？长期无人论证。梅森去世250年之后，1903年在纽约举行的数学学术会议上，数学家科勒教授做了一次十分精彩的学术报告。他走上讲坛却一言不发，拿起粉笔在黑板上迅速写出：

$$2^{67}-1=193\ 707\ 721\times761\ 838\ 257\ 287.$$

然后就走回自己的座位。开始时会场里鸦雀无声，没过多久全场响起了经久不息的掌声。参加会议的数学家纷纷向科勒教授祝贺，祝贺他证明了第 9 个梅森数并不是质数，而是合数！

1914 年，梅森提出的第 10 个数被证明是质数，它是一个有 39 位的数：

$$2^{127}-1=170141183460469231731687303715884105727.$$

1952 年，借助计算机的帮助，有人证明梅森提的第 11 个数不是质数，是合数。这样，梅森提出的 11 个质数中，只有 9 个是对的。

1978 年年底，美国加利福尼亚大学的两个学生尼克尔和诺尔利用电子计算机证明了 $2^{21701}-1$ 是质数；

1979 年，美国计算机科学家斯洛温斯基证明了 $2^{44497}-1$ 是质数；1983 年 1 月，又发现了 $2^{86243}-1$ 是质数。到 1983 年为止，一共找到了 28 个梅森数是质数。

2005 年 2 月 28 日，美国奥兰多的梅森数搜索组织宣布，德国一名数学爱好者，眼科医生马丁·诺瓦克发现一个新的梅森质数 $2^{25964951}-1$。5 天之后，一名法国数学家独立验算了它，宣布这是发现的第 42 个梅森质数。它是一个有 7816230 位的数，如果用普通稿纸写出来，有 20 本杂志那么厚。

难过的七座桥

哥尼斯堡有一条河，叫勒格尔河。这条河上共建有七座桥。河有两条支流，一条叫新河，一条叫旧河，它们在城中心汇合。在合流的地方，中间有一个小岛，它是哥尼斯堡的商业中心。

哥尼斯堡的居民经常到河边散步，或去岛上买东西。有人提出了一个问题：一个人能否一次走遍所有的七座桥，每座只通过一次，最后仍回到出发点？

如果对七座桥沿任何可能的路线都走一下的话，共有 5040 种走法。这 5040 种走法中是否存在着一条既都走遍又不重复的路线呢？这个问题谁也回答不了。这就是著名的七桥问题。

这个问题引起了著名数学家欧拉的兴趣。他对哥尼斯堡的七桥问题用数学方法进行了研究。1736 年欧拉把研究结果送交彼得堡科学院。这份研究报告的开头是这样说的：

“几何学中，除了早在古代就已经仔细研究过的关于量和量的测量方法那一部分之外，莱布尼兹首先提到了几何学的另一个分支，他称之为‘位置几何学’。几何学的这一部分仅仅是研究图形各个部分相互位置的规则，而不考虑其尺寸大小。

“不久前我听到一个题目，是关于位置几何学的。我决定以它为例把我研究出的解答方法做一汇报。”

从欧拉这段话可以看出，他考虑七桥问题的方法是，只考虑图形各个部分相互位置有什么规律，而各个部分的尺寸不去考虑。

欧拉研究的结论是：不存在这样一条路线！他是怎样解决这个问题的呢？按照位置几何学的方法，首先他把被河流隔开的小岛和三块陆地看成为 A，B，C，D 四个点；把每座桥都看成为一条线。这样一来，七桥问题就抽象为由四个点和七条线组成的几何图形了，这样的几何图形数学上叫作网络。于是，“一个人能否无重复地一次走遍七座桥，最后回到起点?”就变成为“从四个点中某一个点出发，能否一

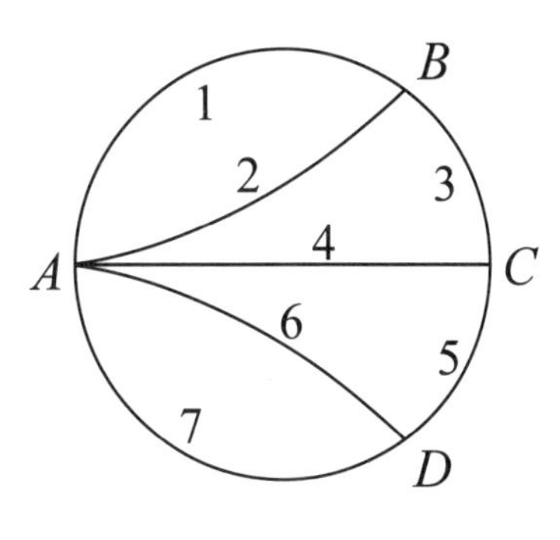

笔把这个网络画出来?”欧拉把问题又进一步深化，他发现一个网络能不能一笔画出来，关键在于这些点的性质。

如果从一点引出来的线是奇数条，就把这个点叫奇点；如果从一点引出来的线是偶数条，就把这个点叫作偶点。如左图中的 M 就是奇点，N 就是偶点。

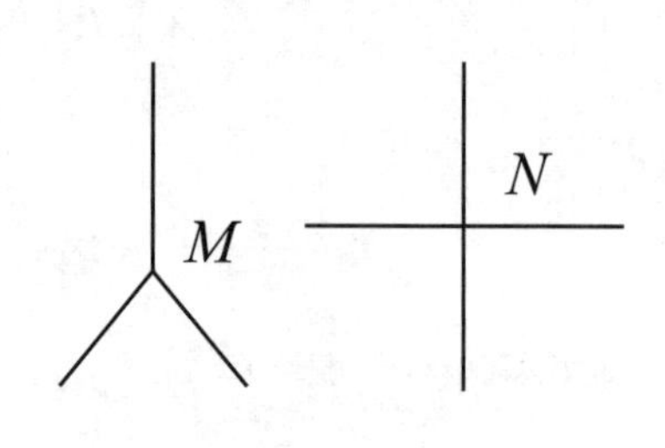

欧拉发现，只有一个奇点的网络是不存在的，无论哪一个网络，奇点的总数必定为偶数。对于 A，B，C，D 四个点来说，每一个点都应该有一条来路，离开该点还要有一条去路。由于不许重复走，所以来路和去路是不同的两条线。如果起点和终点不是同一个点的话，那么，起点是有去路没有回路，终点是有来路而没有去路。因此，除起点和终点是奇点外，其他中间点都应该是偶点。

另外，如果起点和终点是同一个点，这时，网络中所有的点要都是偶点才行。

欧拉分析了以上情况，得出如下规律：一个网络如果能一笔画出来，那么该网络奇点的个数或者是 2 或者是 0，除此以外都画不出来。

由于七桥问题中的 A，B，C，D 四个点都是奇点，按欧拉的理论是无法一笔画出来的，也就是说一个人无法没有重复地走遍七座桥。

下图中（1）、（2）、（3）都可以一笔画出来，但是（4）

中的奇点个数为 4，无法一笔画出。

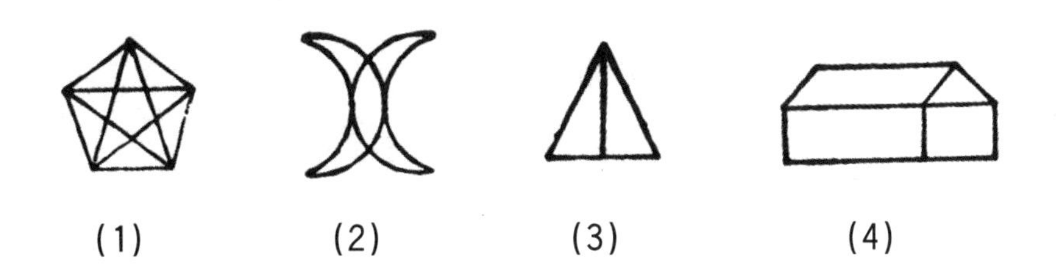

如果图中没有奇点如图（1）和（2），可以从任何一点着手画起，最后都能回到起点，如果图中有两个奇点，如图（3），必须从一个奇点开始画，到另一个奇点结束。

欧拉对哥尼斯堡七桥的研究，开创了数学上一个新分支——拓扑学的先声。

腓特烈国王的阅兵式

18 世纪，普鲁士国王腓特烈。腓特烈二世要举行阅兵式，计划挑选一支由 36 名军官组成的军官方队，作为阅兵式的先导。

普鲁士当时有六支部队。腓特烈二世要求，从每支部队中选派出六个不同级别的军官各一名，共 36 名。这六个不同级别是：少尉、中尉、上尉、少校、中校、上校。还要求这 36 名军官排成六行六列的方阵，使得每一行和每一列都有各部队、各级别的代表。

腓特烈二世一声令下，可忙坏了司令官。他赶忙召来了 36 名军官，按着国王的旨意开始安排方阵。可是左排一次，右排一次，司令官累得满头大汗，36 名军官折腾得精疲力竭，结果也没排出国王要求的方阵。

怎么办呢？正好当时欧洲著名数学家欧拉在柏林，求数学家帮帮忙吧！

数学家研究问题的习惯总是从简单到复杂，从易到难。欧拉先从 16 名军官组成的四行四列方阵着手研究，他发现这种 4×4 方阵是可以排出来的。

我们不妨做一次扑克牌游戏，把合乎国王要求的 4×4 方阵排出来。扑克牌有四种不同的花样：黑桃、红心、方块、梅花，把这四种不同的花样当作四支不同的部队；从每一种花样中各取 J，Q，K，A 四张牌，把这四张不同点数的牌当作四个级别不同的军官。用这 16 张扑克牌摆成 4×4 方阵，使得每一行和每一列各有一张黑桃、红心、方块、梅花，而且每一行和每一列各有一张 J，Q，K，A。具体排法可见下页图：

接着欧拉又排出了由 25 名军官组成的 5×5 方阵。欧拉满怀信心地继续钻研，以求解决由 36 名军官组成 6×6 方阵。但是，尽管欧拉绞尽脑汁也没有排成。于是欧拉猜想：这种 6×6 方阵可能根本就排不出来！欧拉想寻找由多

(1)

桃A			
	桃K		
		桃Q	
			桃J

(2)

桃A		心K	
	桃K		心A
心J		桃Q	
	心Q		桃J

(3)

桃A		心K	块Q
	桃K	块J	心A
心J	块A	桃Q	
块K	心Q		桃J

(4)

桃A	花J	心K	块Q
花Q	桃K	块J	心A
心J	块A	桃Q	花K
块K	心Q	花A	桃J

少人组成的方阵可以排得出来，由多少人组成的方阵根本就排不出来。但是，这个规律欧拉一直没有找到。

$A\alpha$	$B\gamma$	$C\beta$
$B\beta$	$C\alpha$	$A\gamma$
$C\gamma$	$A\beta$	$B\alpha$

1782 年，即欧拉逝世的前一年，他在荷兰的杂志上发表了关于魔方阵的论文，提出了上面讲的“36 名军官问题”。对于一般的 $n\times n$ 方阵来说，当 $n=2$ 时，即从 2 个连队各抽出 2 种军衔的各一人共 4 人，这时显然排不出 2×2 方阵来；当 $n=3$ 时，把 A，B，C 看做 3 个不同的连队，α、β、γ 看做 3 种不同的军衔，这种 3×3 方阵是排得出来的，见上图。由于排这种方阵通常用希腊字母和拉丁字母来表示，所以称这种方阵为“希腊·拉丁方”，也叫欧拉方阵。

为了便于研究，常用数字来代替字母进行排列。比如前面排的扑克牌方阵，可以用1，2，3，4分别代替J，Q，K，A，先把它排成每行每列都不出现重复数字的方阵I_1：

$$I_1=\begin{bmatrix}4 & 1 & 3 & 2\\ 2 & 3 & 1 & 4\\ 1 & 4 & 2 & 3\\ 3 & 2 & 4 & 1\end{bmatrix}$$

再用1，2，3，4分别代替黑桃、梅花、红心、方块，把它也排成方阵I_2：

$$I_2=\begin{bmatrix}1 & 4 & 2 & 3\\ 4 & 1 & 3 & 2\\ 2 & 3 & 1 & 4\\ 3 & 2 & 4 & 1\end{bmatrix}$$

一般地说，用1，2，3，…，n排列成一个n行n列方阵，如果每一行、每一列都是由1，2，3，…，n组成，而且没有重复，这个方阵叫作n阶拉丁方。上面写出的I_1和I_2是两个4阶拉丁方。

把上述两个4阶拉丁方重叠在一起，它们的对应位置的数组成数对，得到由数对组成的4阶方阵。这个方阵中4×4组数对没有一组是相同的，称这两个4阶拉丁方互为正交。

$$\begin{bmatrix}(4,1) & (1,4) & (3,2) & (2,3)\\ (2,4) & (3,1) & (1,3) & (4,2)\\ (1,2) & (4,3) & (2,1) & (3,4)\\ (3,3) & (2,2) & (4,4) & (1,1)\end{bmatrix}$$

前面用J，Q，K，A和黑桃、梅花、红心、方块排出的两个4阶拉丁方I_1和I_2是正交。

前面已经见到两个3阶正交拉丁方，两个4阶正交拉丁方。那么，对于任意大于1的整数n，在n阶拉丁方中是否一定有两个拉丁方正交？如果有，怎样造法？

欧拉由$n=2$，6时没有，$n=3$，4，5时有，猜想：

当$n=4m+2$，$m=0$，1，2…时，不存在正交的n阶拉丁方，也就是不存在n阶欧拉方阵。

许多数学家都相信欧拉的上述猜想是对的，并且力图证明欧拉的这个猜想。但是，1959年春天，欧拉猜想被推翻了。印度数学家玻色和史里克汉德，举出了22阶正交拉丁方是存在的，也就是说$m=5$，$n=4\times5+2=20+2=22$阶欧拉方阵可以排出来。紧接着美国数学家派克又排出了10阶欧拉方阵，这样$m=2$，$n=4\times2+2=10$阶欧拉方阵也排出来了。

玻色和史里克汉德将这个重大突破写成论文。论文中证明除$n=2$，6，14，26这四个数外，对于$n\geqslant3$的任意n都存在着欧拉方阵。在这篇论文送交印刷厂期间，美国数学家派克又造出了$n=14$，26的欧拉方阵，其中$n=26$是用电子计算机算出来的。到目前为止，只有2阶和6阶欧拉方阵造不出来了。

腓特烈二世好眼力！只有两种欧拉方阵排不出来，他却挑了其中的一个。

欧拉方阵在数理统计的实验设计中非常有用。举一个例子：

在一块正方形土地中，种植四种农作物：小麦、玉米、高粱、棉花。还有四种肥料：氮肥、磷肥、钾肥、混合肥。想试验一下，这块土地栽种何种农作物，施用何种肥料可以获得高产。

小麦（氮肥）	玉米（磷肥）	高粱（钾肥）	棉花（混合肥）

如果把土地划分成四条，在每一条中种一种农作物，施一种肥料。这样得到的结果可靠吗？由于这块土地的土质可能不均匀，得出来的结果并不可靠。

氮 麦	混 棉	磷 米	钾 粱
混 粱	氮 米	钾 棉	磷 麦
磷 棉	钾 麦	氮 粱	混 米
钾 米	磷 粱	混 麦	氮 棉

怎样才能使结果更可靠呢？可以用 4 阶正交拉丁方去安排实验，这样得到的结果可靠性就大多了。安排方法如图。这种实验法考虑到了各方面土地的差异。

哈密顿要周游世界

19 世纪英国著名数学家哈密顿很喜欢思考问题。1859

年的一天，他拿到一个正十二面体的模型。正十二面体有12个面、20个顶点、30条棱，每个面都是相同的正五边形。

哈密顿突然灵机一动，他想，为什么不能拿这个正十二面体做一次数学游戏呢？假如把这20个顶点当作20个大城市：如巴黎、纽约、伦敦、北京……把30条棱当作连接这些大城市的道路。一个人从某个大城市出发，每个大城市都走过，而且只走一次，最后返回原来出发的城市。问这种走法是否可以实现？这个问题就是著名的“周游世界问题”。

解决这个问题最重要的是方法。真的拿着正十二面体一个点一个点去试？显然这个方法很难把问题弄清楚。如果把正十二面体看成是由橡皮膜作成，就可以把这个正十二面体压成平面图形。如果哈密顿所提的走法可以实现的话，那么这20个顶点一定是一个封闭的20角形的周界。

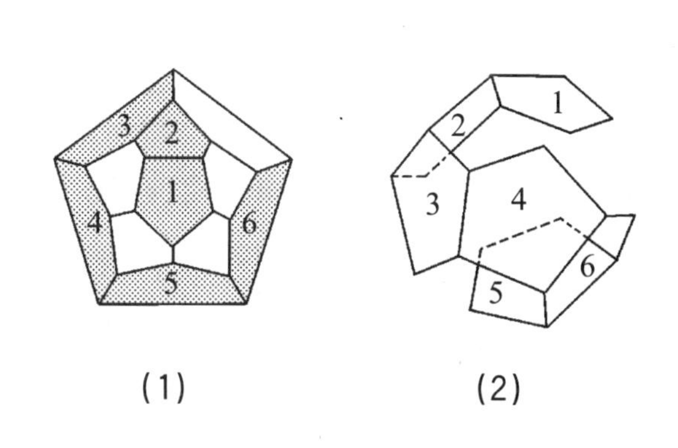

(1)　　(2)

图（1）是一个压扁了的正十二面体，上面可以看到11个五边形，底下面还有一个拉大了的五边形，总共还是 12 个正五边形。从这 12 个压扁了的正五边形中，挑选出 6 个相互连接的五边形（图中画斜线部分）。这 6 个五边形在原正十二面体中的位置如图（2），把这 6 个相互连接的正五边形摊平，就是图（3）的形状。而图（3）就是一个有 20 个顶点的封闭的 20 边形。

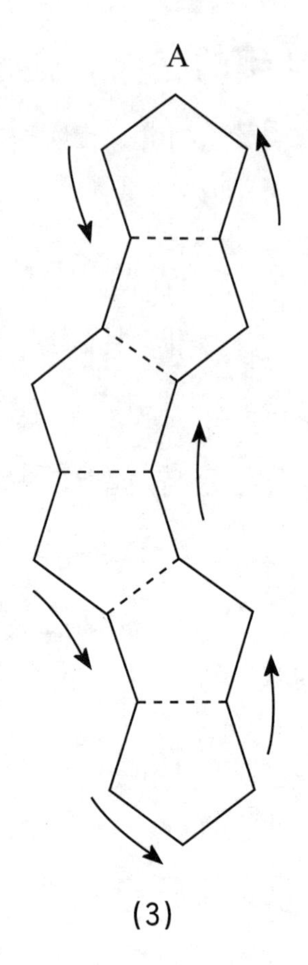

(3)

下面一个问题是：图（3）的 20 个顶点，是不是正十二面体的 20 个顶点呢？从图（1）可以看出，图（3）的 20 个顶点确实是正十二面体的 20 个顶点。这样一来，由于图（3）的 20 边形从 A 点出发，沿边界一次都可以走过来，因此哈密顿的想法是可以实现的。

地图着色引出的问题

先来讲一个有趣的传说：

从前有个国王，他临死前担心死后五个儿子会因争夺疆土而互相拼杀，立下一份遗嘱。遗嘱中说，他死后可以把国土划分为五个区域，让每个王子统治一个区域，但是必须使任何一个区域与其他四个相邻，至于区域的形状可以任意划定。遗嘱中又说，如果在划分疆土时遇到了困难，可以打开我留下的锦盒，里面有答案。

国王死后，五个王子开始划分国土，他们各自寻找聪明人去画一幅符合老国王遗嘱的地图。可是，这些聪明人怎么也画不出五个区域中任意一个区域都和其他四个区域接壤的地图。

为了尽快瓜分国土，五位王子伤透了脑筋，可是，符合要求的地图还是没有画出来。无可奈何，王子们同意打开老国王留下的锦盒，看看老国王怎样分法，有什么高招儿。

五位王子打开锦盒一看，里面没有地图，只有老国王的一封亲笔信。信中嘱咐五位王子要精诚团结，不要分裂，合则存，分则亡。这时，他们才明白遗嘱中的地图是画不出来的。

这个古老的传说告诉我们，平面上的五个区域要求其中每一个区域都与其余四个区域相邻是不可能的。地图上的不同国家或地区，要用不同的颜色来区别，那么绘制一张地图需要几种不同的颜色呢？如果地图上只有五个区域，由上面的传说可以知道只要四种不同颜色就够了。区域更多一些，四种颜色够不够用呢？

1852 年，英国有一位年轻的绘图员法兰西斯·格斯里，他在给英国地图涂颜色时发现：如果相邻两个地区用不同颜色涂上，只需要四种颜色就够了。

格斯里把这个发现告诉了正在大学数学系里读书的弟

弟，并且画了一个图给他看。这个图最少要用四种颜色，才能把相邻的两部分分辨开。颜色的数目再也不能减少了。格斯里的发现是对的，但是却不能用数学方法加以证明，也解释不出其中的道理。

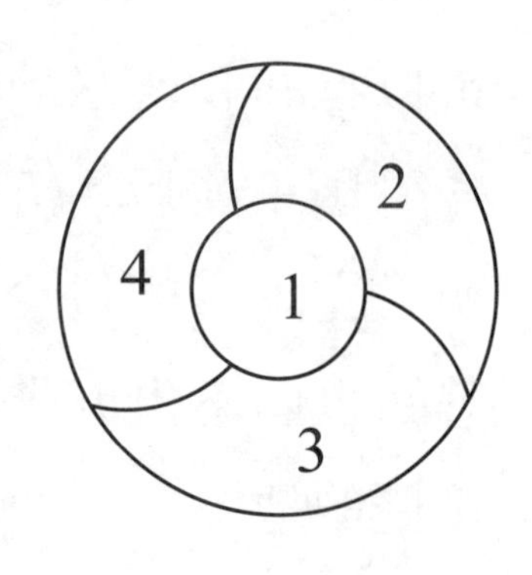

格斯里的弟弟把这个问题提给了当时著名数学家德·摩根。摩根也解释不了，就写信给另一名数学家哈密顿。德·摩根相信像哈密顿这样聪明的人肯定会解决的。可是，哈密顿觉得这个问题太简单，没有去解决。

当时许多数学家都认为地图着色问题是很容易解决的。比如数学家闵可夫斯基，为人十分谦虚，偏偏有一次给学生讲课时，偶尔提到了这个问题，他把这个问题看轻了。闵可夫斯基在课堂上说："地图着色问题之所以一直没有获得解决，那仅仅是由于没有第一流的数学家来解决它。"说完他拿起粉笔，要当堂给学生推导出来，结果却没能成功。下一节课他又去试，又没推导出来。一连几堂课都毫无结果。有一天，天下大雨，他刚跨进教室，突然雷声轰响，震耳欲聋，他马上对学生说："这是上天在责备我狂妄自大，我证明不了这个问题。"这样才中断了他的证明。

1878 年，著名的英国数学家凯莱把这个问题公开通报给伦敦数学会的会员，起名为"四色问题"，征求证明。

凯莱的通报发表之后，数学界很活跃，很多人都想一显身手。可是，没有一个人的证明站得住脚。

数学家斯蒂文曾设计了一个非常有趣的游戏，用于检验四色问题：

游戏由甲、乙两个人参加。甲先画一个闭合曲线围成的区域，让乙填上颜色；乙填好颜色之后再画一个区域让甲填色……如此继续下去，尽量使对方不得不使用第五种颜色。时至今日还没有一个人找到一张必须用五种颜色才能填满的图。

首先宣布证明了四色问题的是一个叫肯普的律师。他于1879年公布了自己的证明方法。可是过了11年，29岁的年轻数学家赫伍德指出肯普的证明中有漏洞，不能成立。接着赫伍德成功地使用了肯普的方法，证明出平面地图最多用五种颜色着色就够了，这就是著名的五色定理。赫伍德一生主要研究的就是四色问题，在以后60年的时间里，他发表了关于四色问题的七篇重要论文。他78岁退休，而在85岁时还向伦敦数学学会呈交了关于四色问题的最后一篇论文。他这种顽强的攻关精神是非常值得后人学习的。

近100年来，人们一直在研究四色问题，也取得了一定成就。但是存在的一个最大困难是：数学家所提供的检验四色问题的方法太复杂，人们难以实现。比如在1970年有人提出一个检验方案，这个方案用当时的电子计算机来算，要连续不断地工作 10 万个小时，差不多要 11 年。这个任务太艰巨了。

1976 年 9 月，美国数学学会公布了一个激动人心的消息，美国数学家阿佩尔与哈肯，用三台高速电子计算机，运行 1200 小时，作了 100 亿个判断，终于证明了四色问题是对的。人类第一次依靠机器的帮助解决了延续 124 年的数学难题。用机器代替人进行复杂运算这一新事物开出了绚丽的花朵。

残杀战俘与死里逃生

这是一个古老的传说：有 64 名士兵被敌人俘虏了。敌人命令他们排成一个圆圈，编上号码 1，2，3，…，64。敌人把 1 号杀了，又把 3 号杀了，他们是隔一个杀一个这样转着圈杀。最后剩下一个人，这个人就是约瑟夫斯。请问约瑟夫斯是多少号？这就是“约瑟夫斯问题”。

这个问题是比较容易解答的：敌人从 1 号开始，隔一个杀一个，第一圈把奇数号码的战俘全杀死了。剩下的 32 名战俘需要重新编号，而敌人在第二圈杀死的是重新编排的奇数号码。

由于第一圈剩下的全部是偶数号 2，4，6，8，…，64。把它们全部用 2 除，得 1，2，3，4，…，32。这是第二圈重新编的号码。第二圈杀过之后，又把奇数号码都杀掉了，还剩下 16 个人。如此下去，可以想到最后剩下的必然是 64 号。

$64=2^6$，它可以连续被 2 整除 6 次，是从 1 到 64 中能被 2 整除次数最多的数，因此，最后必然把 64 号剩下。从 $64=2^6$ 还可以看到，是转过 6 圈之后，把约瑟夫斯剩下来的。

如果有 65 名士兵被俘，敌人还是按上述方法残杀战俘，最后剩下的还是 64 号约瑟夫斯吗？

不是了。因为第一个人被杀后，也就是 1 号被杀后，第二个被杀的必然是 3 号。如果把 1 号排除在外，那么剩下的仍是 64 个人。对于剩下这 64 个人，新 1 号就应该是原来的 3 号。这样原来的 2 号就变成新的 64 号了，所以剩下的必然是原来的 2 号。

对于一般情况来说，如果原来有 2^k 个人，最后剩下的必然是 2^k 号；如果原来有 2^k+1 个人，最后剩下的是 2 号；如果原来有 2^k+2 个人，最后剩下的是 4 号……如果原来有 2^k+m 个人，最后剩下的是 $2m$ 号。

比如，原来有 100 人，由于 $100=64+36=2^6+36$，所以最后剩下的是 $2\times36=72$ 号；又比如，原来有 111 人，由于 $111=64+47=2^6+47$，所以最后剩下的是 $2\times47=$

94 号。

下面把问题改一下：不让被俘的战俘站成圆圈，而排成一条直线，然后编上号码。从 1 号开始，隔一个杀一个，杀过一遍之后，然后再重新编号，从新 1 号开始，再隔一个杀一个。问最后剩下的还是 64 号约瑟夫斯吗？

答案是肯定的，最后剩下的仍然是约瑟夫斯。

如果战俘人数是 65 人呢？剩下的还是约瑟夫斯。只要人数不超过 128 人，也就是人数小于 2^7，那么最后剩下的总是约瑟夫斯。因为从 1 到 128 中间，能被 2 整除次数最多的就是 64。而敌人每次都是杀奇数号留偶数号，所以 64 号总是最后被留下的人。

回数猜想

一提到李白，人们都知道这是我国唐代的大诗人。如果把“李白”两个字颠倒一下，变成“白李”，这也可以是一个人的名字，此人姓白名李。像这样正着念、反着念都有意义的语言叫作回文。比如“狗咬狼”“天和地”“玲玲爱毛毛”。一般来说，回文是以字为单位的，也可以以词为单位来写回文。回文与数学里的对称非常相似。

如果一个数，从左右两个方向来读都一样，就叫它为回文数。比如 101，32123，9999 等都是回文数。

数学里有个有名的“回数猜想”，至今没有解决。取一个任意的十进制数，把它倒过来，并将这两个数相加。然后把这个和数再倒过来，与原来的和数相加。重复这个过程直到获得一个回文数为止。

例如 68，只要按上面介绍的方法，三步就可以得回文数 1111。

$$\begin{array}{r} 68 \\ +86 \\ \hline 154 \\ +451 \\ \hline 605 \\ +506 \\ \hline 1111 \end{array}$$

“回数猜想”是说：不论开始时采用什么数，在经过有限步骤之后，一定可以得到一个回文数。

还没有人能确定这个猜想是对的还是错的。196 这个三位数也许可能成为说明“回数猜想”不成立的反例。因为用电子计算机对这个数进行了几十万步计算，仍没有获得回文数。但是也没有人能证明这个数永远产生不了回文数。

数学家对同时是质数的回文数进行了研究。数学家相信回文质数有无穷多个，但是还没有人能证明这种想法是对的。

数学家还猜想有无穷个回文质数对。比如 30103 和 30203。它们的特点是，中间的数字是连续的，而其他数字都是相等的。

回文质数除 11 外必须有奇数个数字。因为每个有偶数个数字的回文数，必然是 11 的倍数，所以它不是质数。比如 125521 是一个有 6 位数字的回文数。按着判断能被 11 整除的方法：它的所有偶数位数字之和与所有奇数位数字之和的差是 11 的倍数，那么这个数就能被 11 整除。125521 的偶数位数字是 1，5，2；而奇数位数字是 2，5，1。它们和的差是

$$(1+5+2)-(2+5+1)=0,$$

是 11 的倍数，所以，125521 可以被 11 整除，且

$$125521\div 11=11411.$$

因而 125521 不是质数。

在回文数中平方数是非常多的，比如，$121=11^2$，$12321=111^2$，$1234321=1111^2$，…，$12345678987654321=111111111^2$。你随意找一些回文数，平方数所占的比例比较大。

立方数也有类似情况。比如，$1331=11^3$，$1367631=111^3$.

这么有趣的回文数，至今还存在着许多不解之谜。

猴子分桃子

英国著名物理学家狄拉克曾提出过一个有趣的数学题："现有一堆桃子，5只猴子要平均分这堆桃子。第一只猴子来了，它左等右等，别的猴子老是不来，于是它便把桃子平均分成5堆，最后剩下1个桃子。它觉得自己分桃子辛苦了，最后剩下的桃子应该归自己，就把它吃掉了。结果是，这只猴子吃掉了一个桃子，又拿走了5堆中的1堆。

"第二只猴子来了。它一看有四堆桃子，但并不知道已经来了一只猴子。它想，五只猴子怎么分四堆桃子呢？于是把四堆桃子合在一起，重新分成5堆，又剩下1个。它吃了剩下的桃子，又拿了一堆桃子。后来的三只猴子也都是这样办理的。

"请问，原来至少有多少桃子？最后至少剩多少桃子？"

1979年，著名美籍华裔物理学家李政道和中国科学技术大学少年班同学座谈时，向这些小才子们提出了这个问题，谁也没能当场答出。看来此题有一定的难度。

先来直接解这个问题：设原有桃子 x 个，又设最后剩下的桃子为 y 个。

第一只猴子吃了1个，拿走了 $\frac{1}{5}(x-1)$ 个。它走后，留下的桃子数为

$$x-\left[\frac{1}{5}(x-1)+1\right]$$

$$=\frac{4}{5}(x-1).$$

第二只猴子吃了 1 个，拿走了$\frac{1}{5}[\frac{4}{5}(x-1)-1]$个，它一共得到桃子

$$\frac{1}{5}[\frac{4}{5}(x-1)-1]+1.$$

它走后，留下的桃子数为

$$\frac{4}{5}(x-1)\{\frac{1}{5}[\frac{4}{5}(x-1)-1]+1\}$$

$$=(1-\frac{1}{5})\frac{4}{5}(x-1)+\frac{1}{5}-1$$

$$=\frac{4}{5}[\frac{4}{5}(x-1)-1].$$

我们可以归纳出求剩下桃子的规律：先减 1，后乘$\frac{4}{5}$。这样，第 5 只猴子走后，所剩下的桃子数 y，就应该是减了 5 次 1，乘了 5 次$\frac{4}{5}$，即

$$y=\frac{4}{5}\{\frac{4}{5}[\frac{4}{5}[\frac{4}{5}[\frac{4}{5}(x-1)-1]-1]-1]-1\}$$

$$=\frac{4}{5}\{\frac{4}{5}[\frac{4}{5}[\frac{4^2}{5^2}(x-1)-\frac{4}{5}-1]-1]-1\}$$

$$=\frac{4}{5}\{\frac{4}{5}[\frac{4}{5}[\frac{4^2}{5^2}x-\frac{4^2}{5^2}-\frac{4}{5}-1]-1]-1\}$$

$$=\frac{4}{5}\ \{\frac{4}{5}\ [\frac{4^3}{5^3}x-\frac{4^3}{5^3}-\frac{4^2}{5^2}-\frac{4}{5}-1]\ -1\}$$

$$=\frac{4^5}{5^5}x-\frac{4^5}{5^5}-\frac{4^4}{5^4}-\frac{4^3}{5^3}-\frac{4^2}{5^2}-\frac{4}{5}$$

$$=\frac{4^5}{5^5}x-4\ [1-\ (\frac{4}{5})^5]$$

$$=\frac{4^5}{5^5}\ (x+4)\ -4.$$

变形，得 $y+4=\frac{4^5}{5^5}\ (x+4).$

由于 x 和 y 都是自然数，而 4^5 和 5^5 的公约数为 1，所以（$x+4$）一定能被 5^5 整除。所以的最小值应满足

$x+4=5^5$，

即 $x=5^5-4$，

$x=3125-4$，

$x=3121.$

而 $y=4^5-4=1020.$

就是说，原来至少有 3121 个桃子，最后至少剩下 1020 个桃子。

解这道题要脱 5 层括号，比较麻烦。有没有简单一点的解法呢？

这道题麻烦在哪儿呢？麻烦在每次分完桃子以后总要多出一个桃子来。解决的办法是先借给猴子 4 个桃子，让它能把桃子正好分成 5 份，猴子拿走其中一份。其结果和

原来的分走$\frac{1}{5}$又吃掉一个是一样的。可以对比一下：

原来解法	新解法
第一只猴子	
吃了1个又拿走$\frac{1}{5}$份， 共拿走$\frac{1}{5}(x-1)+1$. 剩下 $\frac{4}{5}(x-1)$.	先借给猴子4个桃子，它拿走$\frac{1}{5}(x+1)$. 分完之后，把4个桃子再还给人家，剩下$\frac{4}{5}(x+4)-4$.
第二只猴子	
共拿走 $\frac{1}{5}\left[\frac{4}{5}(x-1)-1\right]+1$， 剩下 $\frac{4}{5}\left[\frac{4}{5}(x-1)-1\right]$.	再借给猴子4个桃子，它拿走 $\frac{4^2}{5^2}(x+4)$， 拿走后，把4个桃子还给人家，剩下$\frac{4^2}{5^2}(x+4)-4$.

新解法的一个特点是，每次分桃之前都借给猴子4个桃子，分完之后立即归还。这样一来，经过5借5还，最后剩下

$$y=\frac{4^5}{5^5}(x+4)-4.$$

形式要比原来的解法简单多了。

事情并没有完。近代著名数理逻辑学家，英国的怀特海教授又把这道题进一步演变，变成如下形式：

“五名水手带着一只猴子来到南太平洋的一个荒岛上，发现那里有一大堆椰子。他们旅途劳顿就躺下来休息。不久，第一名水手醒了，他把椰子平分成5堆，还剩下1个椰子丢给猴子吃了，自己藏起了1堆就翻身睡下。隔了一会儿，第二名水手醒了，他把剩下的椰子重新分成5堆，正好又多出一个椰子，他又把它赏给了猴子，自己藏起一堆以后又去睡了。接着，第三、第四和第五个人也都如此做了。

“天亮了，大家都醒了过来，发现剩下的椰子已经不多了，水手们都心照不宣，为了表示公平起见，又重新分成5堆。这时，说也奇怪，正好又多出一个椰子，就又把它丢给了早已饱尝甜头的猴子。请算出原先至少有多少个椰子?”

狄拉克和怀特海同是英国科学家。狄拉克生于1902年，怀特海比他大41岁，生于1861年。两个人所提的问题相似，不过是把猴子换成了水手，把桃子换成椰子，把分5次变成分6次。但是，这里着重要介绍的是他们解算的不同方法。怀特海的方法是：

设原先有 N 个椰子。设 A，B，C，D，E 为5名水手单独分椰子时所得的椰子数。F 为最后一次分给每名水手的椰子数。

根据题目条件，可列出以下方程组：

$$\begin{cases} N=5A+1; \\ 4A=5B+1; \\ 4B=5C+1; \\ 4C=5D+1; \\ 4D=5E+1; \\ 4E=5F+1. \end{cases} \quad (1)$$

6 个方程有 7 个未知数，这是一个不定方程组。

将方程组化简，得

$$1024N=15625F+11529. \quad (2)$$

如果用常用的解不定方程组的方法来解，计算起来很复杂。怀特海教授采取了两点特殊的做法：

一点是，由于椰子数 N 曾被连续 6 次分成 5 堆，因此如果某数是该方程的解，则把某数加上 5^6（$5^6=15625$）后，仍是方程的解；

另一点是，他不限定这些字母取自然数，它们也可以取负值。

比如，令 $F=-1$，将 $F=-1$ 代入方程（2），得

$$1024N=-15625+11529,$$
$$1024N=-4096,$$
$$N=-4.$$

显然 $N=-4$ 不是原来问题的解，因为原来的椰子数不能是-4 个。

由于$-4+5^6$仍然是方程组的解，所以

$$N=-4+15625=15621\text{（个）}.$$

也就是说，原来至少有 15621 个椰子。

看来，负数帮了怀特海教授的大忙！

掉进漩涡里的数

几十年前，日本数学家角谷静发现了一个奇怪的现象：一个自然数，如果它是偶数，那么用 2 除它；如果商是奇数，将它乘以 3 之后再加上 1，这样反复运算，最终必然得 1。

比如，取自然数 $N=6$。按角谷静的做法有：$6\div2=3$，$3\times3+1=10$，$10\div2=5$，$3\times5+1=16$，$16\div2=8$，$8\div2=4$，$4\div2=2$，$2\div2=1$。从 6 开始经历了 $3\rightarrow10\rightarrow5\rightarrow16\rightarrow8\rightarrow4\rightarrow2\rightarrow1$，最后得 1。

找个大数试试，取 $N=16384$.

$16384\div2=8192$，$8192\div2=4096$，$4096\div2=2048$，$2048\div2=1024$，$1024\div2=512$，$512\div2=256$，$256\div2=128$，$128\div2=64$，$64\div2=32$，$32\div2=16$，$16\div2=8$，$8\div2=4$，$4\div2=2$，$2\div2=1$。这个数连续用 2 除了 14 次，最后还是得 1。

这个有趣的现象引起了许多数学爱好者的兴趣。一位美国数学家说："有一个时期，在美国的大学里，它几乎成了最热门的话题。数学系和计算机系的大学生，差不多人人都在研究它。"人们在大量演算中发现，算出来的数字忽大忽小，有的过程很长，比如 27 算到 1 要经过 112 步。有人把演算过程形容为云中的小水滴，在高空气流的作用下，忽高忽低，遇冷成冰，体积越来越大，最后变成冰雹落了下来，而演算的数字最后也像冰雹一样掉下来，变成了1！数学家把角谷静这一发现称为“角谷猜想”或“冰雹猜想”。

把它叫猜想，是因为到目前为止，还没有人能证明出按角谷静的做法，最终必然得1。

这一串串数难道一点规律也没有吗？观察前面算过的两串数：

6→3→10→5→16→8→4→2→1；

16384→8192→4096→2048→1024→512→256→128→64→32→16→8→4→2→1.

最后的三个数都是4→2→1.

为了验证这个事实，从1开始算一下：

$$3\times1+1=4,\ 4\div2=2,\ 2\div2=1.$$

结果是1→4→2→1，转了一个小循环又回到了1。这个事实具有普遍性，不论从什么样的自然数开始，经过了漫长的历程，几十步，几百步，最终必然掉进4→2→1这个循环中去。日本东京大学的米田信夫对从1到1099511627776之间的所有自然数逐一做了检验，发现它们无一例外，最后都落入了4→2→1循环之中！

计算再多的数，也代替不了数学证明。“角谷猜想”目前仍是一个没有解决的悬案。

其实，能够产生这种循环的并不止“角谷猜想”。下面再介绍一个：

随便找一个四位数，将它的每一位数字都平方，然后相加得到一个答数；将答数的每一位数字再都平方，相加……一直这样算下去，就会产生循环现象。

现在以 1998 为例：

$1^2+9^2+9^2+8^2$

$=1+81+81+64=227$，

$2^2+2^2+7^2=4+4+49=57$，

$5^2+7^2=25+49=74$，

$7^2+4^2=49+16=65$，

$6^2+5^2=36+25=61$，

$6^2+1^2=36+1=37$，

$3^2+7^2=9+49=58$，

$5^2+8^2=25+64=89$.

下面再经过八步，就又出现 89，从而产生了循环：

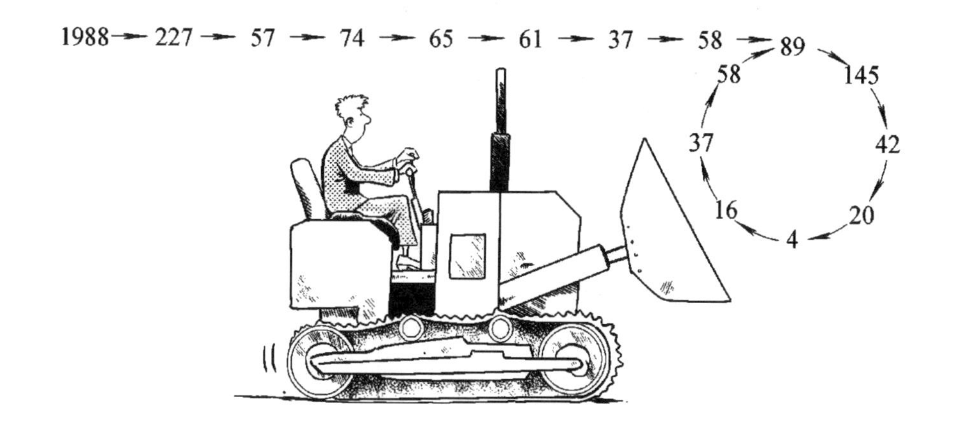

难求的完美正方形

20 世纪 30 年代，在英国剑桥大学的一间学生宿舍里聚集了四名大学生，他们是塔特、斯东、史密斯、布鲁克斯。他们在研究一个有趣的数学问题——完美正方形。什么是完美正方形呢？如果一个大的正方形是由若干个大大小小的不同正方形构成，这个大正方形叫作“完美正方形”。

许多人认为，这样的正方形是根本不存在的。假如有，为什么没有人把它画出来呢？但是，聚集在这里的四名大学生，相信完美正方形是存在的。这次聚会虽然没讨论出一个结果，但是，他们下决心要突破这个难题。

几年之后，四个人再一次聚会，每个人都有成绩。布鲁克斯发现了一种完美正方形，史密斯和斯东发现了另一种，而塔特找到了进一步研究的途径。

又过了几年，他们发现了一个由 39 个大小不等的正方形组成的完美正方形。这个完美正方形不是碰运气找到的，而是在理论指导下完成的。这个完美正方形的每边长为 4639 单位，39 个小正方形的边长依次为：

1564，1098，1033，944，1163，65，491，737，242，249，7，235，256，259，478，324，296，219，620，697，1231，1030，201，829，440，992，283，157，126，

31，341，519，409，163，118，140，852，712，2378 单位长。

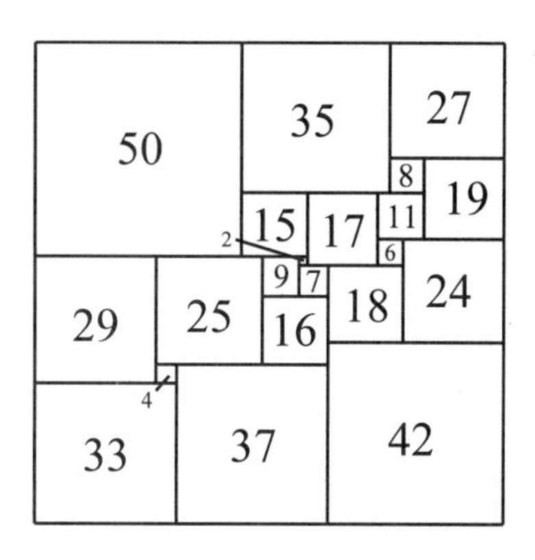

四位当年的大学生通过完美正方形的研究都成了组合数学和图论专家。他们的研究成果被应用到物理、化学、计算机技术、运筹学、语言学、建筑学等许多领域。

数学家又提出一个新的问题：存不存在由最少数目的正方形组成的完美正方形呢？

1978 年，荷兰数学家杰维斯廷设计了一个巧妙而又复杂的计算程序，借助于电子计算机，终于找到了这个由最少数目的正方形组成的完美正方形。它的边长为 112 单位长，由 21 个小正方形组成（如上页图）。这些小正方形的边长依次为：

2，4，6，7，8，9，11，15，16，17，18，19，24，25，27，29，33，35，37，42，50 单位长。

塔特教授曾于 1980 年来我国讲学，他是世界上最著名的图论学专家。塔特教授满怀深情地讲述了研究了 40 年完美正方形的故事。

3. 数学群星

双目失明的数学家

著名数学家欧拉1707年4月15日诞生在瑞士第二大城巴塞尔。父亲保罗·欧拉是位基督教的教长，喜爱数学，是欧拉的启蒙老师。

欧拉幼年聪明好学，父亲希望他继承父业，学习神学，长大了当个牧师或教长。

1720年，13岁的欧拉进入了巴塞尔大学，学习神学、医学、东方语言。由于他学习勤奋，显露出很高的才能，得到该大学著名数学家约翰·贝努利教授的赏识。贝努利教授决定单独教他数学。欧拉很快同贝努利教授的两个儿子尼古拉·贝努利和丹尼尔·贝努利成了好朋友。要特别说一下，贝努利家族是个数学家族，祖孙四代共出了十位数学家。

欧拉16岁大学毕业，获得硕士学位。在贝努利家族的影响下，欧拉决心以数学为毕生的事业。他 18 岁开始发表论文，19 岁发表了关于船桅的论文，荣获巴黎科学院奖金。以后，他几乎年年获奖，奖金成了他的固定收入。大学毕业后，欧拉经丹尼尔·贝努利的推荐，应沙皇叶卡捷琳娜一世的邀请，到了俄国的首都彼得堡。在 26 岁时，他担任了彼得堡科学院的数学教授。

欧拉在彼得堡异常勤奋，成果迭出。著名的七桥问题就是这个时候解决的。在沙皇时代，欧拉虽然身为教授，可是生活条件比较差，有时他要一手抱着孩子，一手写作。1735 年，年仅 28 岁的欧拉，由于要计算一个彗星的轨道，奋战了三天三夜，用他自己发明的新方法圆满地解决了这个难题。过度的工作使欧拉得了眼病，就在那一年，他的右眼不幸失明了。

疾病没有吓倒欧拉，他更加勤奋地工作。大量出色的研究成果使欧拉在欧洲科学界享有很高的声望。这期间，普鲁士国王腓特烈二世，标榜要扶植学术研究。他说："在欧洲最伟大的国王身边也应该有最伟大的数学家。"于是腓特烈二世邀请欧拉出任柏林科学院物理数学所所长，还要求给他的侄女讲授数学、天文学、物理学等课程。在柏林期间，欧拉写了几百篇论文，有趣的"三十六名军官问题"就是在这时解决的。

欧拉 59 岁时，沙皇叶卡捷琳娜二世诚恳地聘请他重回彼得堡。欧拉到彼得堡不久，仅剩的一只左眼视力也开始衰退，只能模糊地看到物体，最后左眼也失明了。这对于热爱科学的欧拉来说是多么沉重的打击！

灾难接踵而来。1771 年彼得堡发生了大火，欧拉的住宅也着了火。双目失明的欧拉被围困在大火之中，虽然他被人从火海中抢救了出来，但是他的藏书及大量研究成果都化为灰烬。

接二连三的打击并没有使欧拉丧失斗志，他发誓要把损失夺回来。眼睛看不见，他就口述，由他的儿子记录，继续写作。欧拉凭着惊人的记忆力和心算能力，一直没有间断研究，他在黑暗中整整工作了 17 年。

欧拉能熟练地背诵大量数学公式，背诵前一百个质数的前六次幂。欧拉的心算并不限于简单的运算，高等数学中的问题也一样能用心算完成。一次，欧拉的两名学生各把一个颇复杂的收敛级数的前 17 项加起来，算到第 50 位数字相差一个单位。欧拉为了确定究竟谁对，用心算进行了全部运算，最后把错误找了出来。

欧拉始终是个乐观和精力充沛的人。1783 年 9 月 18 日下午，欧拉为了庆祝他计算气球上升定律的成功，请朋友们吃饭。那时天王星刚被发现不久，欧拉提笔写出计算天王星轨道的要领，还和他的孙子逗笑，和朋友们谈论的话题海阔天空，大家喜笑颜开。突然，欧拉的烟斗掉在了地上，他喃喃自语："我死了。"就这样，欧拉停止了呼吸，享年 76 岁。欧拉生在瑞士，工作在俄国和德国，这三个国家都把欧拉作为自己国家的数学家，以他为荣。

欧洲的数学王子

数学史上有一颗光芒四射的巨星，他与阿基米德、牛顿齐名，被称为历史上最伟大的三位数学家之一。他就是18世纪德国著名数学家高斯。

高斯1777年4月30日出生在德国的不伦瑞克。祖父是农民，父亲是位喷泉技师，后来做园艺工人，有时还给人家打打短工，干点杂活。高斯的父亲性格刚毅，比较严格；高斯的母亲性格温柔，聪明能干。由于父母都没受过教育，高斯在学习上得不到父母的指导。高斯的舅舅是位织绸缎的工人，他见多识广，心灵手巧，常给高斯讲各种见闻，鼓励高斯奋发向上，是高斯的启蒙教师。

高斯小时候就表现出很高的数学天赋。有一天，他父亲算一笔账，算了好半天才算出一个总数。在一旁看父亲算账的小高斯却说："爸爸，你算错了，总数应该是……"父亲感到很惊讶，赶忙再算一遍，发现真是自己算错了，孩子的答数是对的。这时高斯还没上小学呢！

高斯晚年常幽默地说："在我会说话之前，就会计算了。"

高斯上小学了。教他们数学的老师叫布德勒，他是从城里到乡下来教书的。布德勒错误地认为乡下的穷孩子天生就是笨蛋，要他教这些孩子简直是大材小用！他教学不认真，有时还用鞭子抽打学生。

有一天，也不知谁得罪了这位老师，他站在讲台上命令同学说："今天，你们给我计算 1 加 2 加 3 加 4……一直加到 100，求出总和。算不出来，就别想回家吃饭！"说完他拿本小说坐到一边去看。

布德勒心想这群笨学生，一上午也别想算出来，我可以安心看小说了。谁想，布德勒刚翻开小说，高斯就拿着演算用的小石板走到他身边，说："老师，我做完了，你看对不对？"

做完了？这么快就做完了？不可能，肯定是瞎做的！布德勒连头也没抬，挥挥手说："错了，错了！回去再算！"

高斯站着不走，把小石板往前递了一下说："我这个答数是对的。"

布德勒扭头一看，吃了一惊。小石板上端端正正地写着 5050，一点也没错！更使他惊讶的是，高斯没有用一个数一个数死加的方法，而是从两头相加，把加法变成乘法来做的：

$$\begin{aligned}&1+2+3+\cdots+99+100\\&=(1+100)+(99+2)+\cdots+(50+51)\\&=101\times50\\&=5050.\end{aligned}$$

这是他从未讲过的计算等差数列的方法。

高斯的才智教育了布德勒，使他认识到看不起穷人家孩子是错误的。布德勒逢人就说："高斯已经超过了我。"从此，高斯在布德勒的指导下，学习高深的知识。布德勒还买了许多书送给高斯。

高斯小学毕业，考上了文科学校。由于他古典文学成绩很好，一开始就上二年级。两年后，他又升到高中哲学班学习。

高斯是个读书迷。有一次，高斯回家，边走边看书，不知不觉地闯入了斐迪南公爵的花园，碰巧公爵夫人在那里。高斯因误闯了公爵的花园，心里挺害怕。公爵夫人拿过高斯手中的书，提问书中的问题，发现高斯竟能完全明白书中的深奥道理，非常惊讶。公爵知道后，派人把高斯找来，亲自考查，发现高斯的确是个难得的人才，决定出钱资助高斯继续读书。

高斯 15 岁进入了卡罗琳学院学习语言学和高等数学。他攻读了牛顿、欧拉、拉格朗日等著名数学家的著作，打下了坚实的数学基础。

高斯 18 岁时在斐迪南公爵的推荐下进入了哥廷根大学。这时高斯面临痛苦的抉择。他非常喜欢古代语言学，又热爱数学，究竟是学语言学呢，还是学数学呢？后来，是一次数学研究的突破使高斯决心学习数学。事情是这样的：

几何学中的“尺规作图”问题一直吸引着数学家。从古希腊的欧几里得，到后来的许多著名学者，他们用圆规和直尺作出了许多正多边形，但是作不出正十七边形。许多人认为正十七边形无法用圆规和直尺作出来。但是，出人意料的是，1796 年 3 月 30 日，19 岁的高斯用圆规和直尺把正十七边形作了出来。不但如此，他还给出了可以用尺规作图法作出的正多边形的一般规律。

正十七边形尺规作图的解决使高斯下决心学习数学。在大学读书的几年里，高斯的数学成就简直像喷泉一样涌流出来。他的研究涉及数论、代数、数学分析、几何、概率论等许多数学领域。

在发现正十七边形尺规作图法的同一天，高斯开始写他的数学日记。这本日记是以密码形式写的，在1898年发现这本日记时，内有146条短条目，如

$$num=\triangle+\triangle+\triangle.$$

意思是“每个正整数是三个三角形数之和”。从日记中发现，高斯早就知道椭圆函数的双周期性等重要内容了。

高斯大学毕业后回到自己的家乡不伦瑞克。1799年，他向赫尔姆什塔特大学提交了博士论文，在这篇论文中第一次给出了代数基本定理的严格证明。这个重要定理，许多著名数学家，如达朗贝尔等都试图证明而未能成功，而高斯给解决了。高斯后来又给出了这个定理的第二个、第三个证明。

代数基本定理为什么重要呢？这个定理告诉我们，任何一个一元n次方程至少有一个根（实根或复根）。由这个定理很容易推出一元n次方程一定有n个根。这个定理使数学家放心了，不管什么样的代数方程，根一定存在，问题是如何把根算出来。

高斯研究的领域不仅限于数学，他在天文学方面也有

重大贡献。

1801 年 1 月 1 日凌晨，意大利天文学家皮亚齐在西西里岛上的巴勒莫天文台核对星图。他发现金牛座附近有一颗星与星图不合，第二天这颗星继续西移。皮亚齐怀疑是一颗“没有尾巴的彗星”。他连续观测了 40 个夜晚，直到累倒了。他写信给欧洲的其他天文学家，要求共同观察。可是，由于战争，地中海被封锁，书信无法传递。直到 9 月份天文学家再去观察，这颗“没有尾巴的彗星”已经无影无踪了。

在一次科学家聚会上，高斯得知了这一消息。他经过研究，创造了只需要三次观测数据就能确定行星运行轨迹的方法。高斯根据皮亚齐观测的有限数据，算出了这颗“没有尾巴的彗星”的运行轨道。天文学家按着高斯算出的方法一找，果然重新找到了这颗丢失了的星，并确定它不是“没有尾巴的彗星”，而是人类发现的第一颗小行星，被命名为“谷神星”。隔了不到半年，天文学家又发现了第二颗小行星——“智神星”。

高斯生前发表了 155 篇论文，这些论文都有很深远的影响。高斯治学作风严谨，他自己认为不是尽善尽美的论文，绝不拿出来发表。他的格言是“宁肯少些，但要好些”。人们所看到的高斯论文是简练、完美和精彩的。高斯说：“瑰丽的大厦建成之后，应该拆除杂乱无章的脚手架。”

高斯虽然有很高的社会地位，但一生生活俭朴。他智多言少，埋头苦干，不喜欢出风头，对那些不懂装懂的人非常厌恶。少年时期，人们就把高斯誉为“神童”和“天才”。他却说：“假若别人和我一样深刻和持续地思考数学真理，他们会做出同样的发现。”

高斯去世时 78 岁。

救过高斯的女数学家

1776 年 4 月的第一天，一个小女孩在法国巴黎出生了。爸爸给她起了个好听的名字，叫苏菲娅·热尔曼。

苏菲娅的少年时代，正赶上轰轰烈烈的法国大革命。巴黎是革命的中心，枪声、口号声响彻了巴黎上空。

苏菲娅是独生女，是爸爸妈妈的掌上明珠。爸爸妈妈怕她到外面去出事，把她整天关在家里。整天待在家里多没意思呀！苏菲娅开始寻找消磨时光的办法。后来她终于找到了一个好办法，那就是读书。父亲有很多藏书，她一头扎进了书的海洋里。

书中的一个故事深深地打动了她。这个故事讲述的就是古希腊著名科学家阿基米德，他在罗马士兵踩坏他沙盘上的几何图形时大声呵斥罗马士兵，最后惨死在罗马士兵的刀下。苏菲娅想，为什么阿基米德在刀尖对准胸口时想到的还是几何图形啊？阿基米德这样珍惜几何，几何学一定非常吸引人，非常有趣。我也要学几何，看看几何学里讲了些什么知识。

苏菲娅开始自学几何学，她越学越有趣，越学越入迷，后来学到连饭也忘了吃，觉也忘了睡。苏菲娅的父母看自己的宝贝女儿学数学着了魔，又听别人说学数学特别费脑子，容易把身体弄坏，可着了急，不许苏菲娅学数学。爸爸劝完了，妈妈劝，对苏菲娅讲，学数学对身体怎么怎么不好。可是，苏菲娅对数学已经入了迷，不让学已经不成了。

父母一看好言劝说不起作用，就来硬的了。苏菲娅不是晚上读书忘记睡觉吗？那就晚上不给她点灯。可是苏菲娅还是想办法搞到蜡烛，晚上偷偷起来，穿好衣服再钻研数学。有一次晚上看书被父母发现了，第二天晚上，父母看着她上床之后，把她的衣服拿走了，心想晚上没衣服看你怎样起来学数学。结果苏菲娅先是假装睡着，过了一会儿又悄悄爬了起来，用被子裹好身体，拿出藏好的蜡烛，学了起来。第二天早上，父母到苏菲娅的卧室一看，宝贝女儿披着被子趴在桌上睡着了。老两口心疼得要命，但是也为苏菲娅钻研的精神所感动。从此，父母不但不反对女儿学数学，而且还鼓励她学习。苏菲娅就这样自学了代数、几何和微积分。

法国大革命后，巴黎办起了科技大学。“能上大学就太好了！”苏菲娅满怀信心前去报名投考。可是到了学校一看，校门口挂着一块牌子，上面写着“不收女生”。

“难道女孩子就不能上大学？”苏菲娅想不通，“进不了大学门，也一样学大学的课。”她弄来这个学校所有的数学讲义，自己刻苦钻研。在学习当中，她发现拉格朗日教授写的讲义最精辟。她很想同这位教授交换一下看法，可是自己不是拉格朗日的学生，又是女的，人家大教授肯和自己交换看法吗？她想了个主意，化名“布朗”，用这样一个男人的名字，把自己的见解写出来，寄给拉格朗日教授。

拉格朗日非常欣赏苏菲娅的论文，决定亲自登门拜访这位布朗先生。谁知一跨进布朗先生的家门，迎接他的布朗先生竟是位亭亭玉立的姑娘，拉格朗日真是又惊又喜。从此，苏菲娅在大数学家拉格朗日的指导下向数学的高峰挺进了。

“欧洲数学王子”高斯于1801年发表了关于“等分圆周问题”的著名论文，由于内容深奥，连当时的许多数学家也看不大懂。苏菲娅反复钻研了高斯的这篇论文，得出不少新的结果。她把这些心得写信给高斯，署名仍是布朗。高斯看到苏菲娅的信，很喜欢这位布朗先生，两个人就通起信来。高斯也没想到布朗是位姑娘。

1807年，普法战争爆发，拿破仑的军队占领了高斯的家乡。消息传来，可急坏了苏菲娅。她想起了阿基米德死于古罗马士兵之手，高斯会不会成为第二个阿基米德？当时攻占高斯家乡的法军统帅培奈提是苏菲娅父亲的朋友。苏菲娅为了救护高斯，拜访了培奈提将军，以古罗马士兵杀死阿基米德这件悲惨的历史事实为例，劝说培奈提将军不要重演古罗马统帅马塞拉斯制造的惨案。培奈提将军深为苏菲娅的言辞所感动，专门派一名密使去探望和保护高斯。

后来高斯打听出解救他的是一位法国女子苏菲娅，感到不可理解，一个法国女人为什么要保护我？最后才搞清楚这个苏菲娅就是一直和他通信的布朗先生。

苏菲娅在高斯的帮助下数学水平又有了提高。她开始解决数学难题了。苏菲娅在攻克“费马大定理”上取得了突破。她证明了对于在 x，y，z 和 n 互质的条件下，$n<100$ 以内的奇素数，费马大定理都是对的。这在当时是了不起的数学成就。

特别值得一提的是，有一位德国物理学家叫悉拉尼，他提出一个建立弹性曲面振动的数学理论问题。这个问题很难，许多数学家一时也无法解决。苏菲娅敢于攻难关，她对这个问题进行了研究，1811 年，苏菲娅向法国科学院提交了第一篇论文，由于论据不够完善，未被接受；1813 年，苏菲娅向法国科学院递交了第二篇论文，法国科学院给予很高评价，但是问题没能全部解决；1816 年她向法国科学院递交了第三篇论文，出色地解决了这个问题。为此，她获得了法国科学院的最高荣誉——金质奖章。苏菲娅的成就震动了整个科学界，她被誉为近代数学物理的奠基人。数学家拉维看了苏菲娅的论文说：“这是一项只有一个女人能完成，而少数几个男人能看懂的伟大研究！”

从小语言学家到大数学家

哈密顿于 1805 年生于爱尔兰首都都柏林。他父亲是个律师兼商人，也是个酒鬼。母亲聪明能干，很有修养。有人评论哈密顿是继承了他母亲的才华，又继承了他父亲的酒癖。哈密顿的叔叔叫詹姆士·哈密顿，是个牧师，他精通多种语言，不仅懂得许多欧洲语言，还懂得西亚地区的语言，是位语言专家。哈密顿从小就受叔叔的教育，外语学得既多又好。他 3 岁能看懂英文书。4 岁对算术和地理产生兴趣。5 岁会讲拉丁语、希腊语、希伯来语，喜欢用希腊文赞美爱尔兰秀丽的山川。8 岁会说法语、意大利语。10 岁会梵文、阿拉伯语、波斯语、叙利亚语、印地语、马来语、孟加拉语。10 岁的小哈密顿，堪称语言学者了。他叔叔还想教他学汉语，但是当时在英国中文书很难买到。

哈密顿很早就失去了双亲：12 岁母亲去世，14 岁又失去了父亲。他跟着叔叔生活。从 13 岁开始，哈密顿差不多以每年掌握一种外语的速度迅速提高自己的语言能力。传说，他 14 岁时，波斯大使到都柏林访问，哈密顿用波斯文写了一篇欢迎辞。哈密顿语言能力的早期发展，提高了他的逻辑思维能力，为他以后发展数学思维能力打下了牢固的基础。

哈密顿既没有上小学，也没有上中学，这些功课都是在叔叔指导下自学的。他 12 岁读完了拉丁文本的《几何原本》，接着又读了法国数学家克莱罗的名著《代数学基础》，掌握了初等代数。从 13 岁到 16 岁钻研了牛顿和拉普拉斯的著作。16 岁时写文章指出拉普拉斯的名著《天体力学》中关于力的平行四边形法则有缺陷。哈密顿的这篇文章引起了爱尔兰皇家科学院院长布林克利教授的注意。

是什么原因促使哈密顿如此迷恋数学呢？有人说，他14岁时认识了美国的速算能手库尔班。库尔班闪电般的运算激发了他学习数学的兴趣。也有人说，他是在和快速计算器接触中对数学产生了兴趣。

1823年7月，18岁的哈密顿报考都柏林著名的三一学院。在100多名考生中他名列榜首。在大学学习中，他的论文受到数学家的称赞。

1827年，约翰·布林克利教授辞去天文学教授的职位。许多天文学家都申请获得此职位。但是三一学院的教授们却一致推选22岁的学生哈密顿为布林克利教授的继承人，同时授予他爱尔兰皇家天文学家的称号。让一个没有毕业的学生当教授，这在三一学院是史无前例的。

年轻的哈密顿教授全力钻研数学和天文学。他在研究一些新的数学方法时是锲而不舍的。比如他从1828年开始研究四元数，这是一种非常有用的新数，前后用了15年仍无结果。哈密顿毫不灰心。1843年10月16日黄昏，都柏林秋高气爽，哈密顿与夫人沿皇家运河散步。美丽的秋天景色使哈密顿心情很舒畅。当他走上勃洛翰桥时，突然悟出了四元数的要领。他欣喜若狂，赶快从口袋里掏出小本子，把四元数基本形式 $a+bi+cj+d\mathrm{k}$ 记下来。他还怕把这个思索了15年的伟大成果丢失了，又掏出小刀，把四元数及运算公式刻写在勃洛翰桥头的石碑上。

1843年11月，哈密顿在爱尔兰科学院宣布了四元数，这一发现轰动了当时的数学界。一时四元数成了都柏林人茶余饭后的谈论对象。哈密顿在大街上时常被人扯住衣袖，让他讲讲“四元数”到底是怎么回事。可是，哈密顿怎么能用三言两语把关于四元数的深奥道理给普通人讲清楚呢?

哈密顿在30岁时被封为爵士，1837年成为爱尔兰皇家科学院院长，这时他年仅32岁。

哈密顿通宵达旦地研究数学，劳累过度，加上夫人有病，生活上没人照顾，饿了就喝酒，终因酒精中毒于1865年9月2日去世，终年60岁。

哈密顿共有著作140篇（部），爱尔兰人民以有哈密顿这样伟大的数学家而骄傲。把勃洛翰桥重新修整，改名为“四元桥”，现在是都柏林的一处名胜。1943年爱尔兰政府发行了纪念四元数发现一百周年的特种邮票。

哈密顿说:“长久以来，我非常欣赏托勒密对他的伟大的天文学导师希帕哈斯的颂词——‘勤奋工作而酷爱真理的人’。我希望这几个字能作为我的墓志铭。”

决斗而死的数学家

170多年前，即1832年5月31日清晨，法国首都巴黎近郊的一条道路旁边，默默地躺着一位因决斗而负重伤的青年。当人们把他送进医院后，不到一天，这个青年就离开了人间，他还不到21岁。

这个青年就是近代代数学的奠基人，代数奇才伽罗瓦。

伽罗瓦于1811年10月25日出生在法国巴黎附近的一个小城市。父亲原来主管一所学校，后来被推选为市长。伽罗瓦从小就有强烈的好奇心和求知欲，对每一件新鲜事物总要寻根究底。虽然父母都受过很好的教育，有时也难以回答他的问题。不过，父母总是鼓励他说："孩子，你问得好，让我们查查书，想一想。"父母还尽量抽空给伽罗瓦讲些科学家追求真理的故事。有时已经讲到深夜，父母很疲倦了，而伽罗瓦还在聚精会神地听，还不断提出问题。就这样，父母在伽罗瓦幼小的心灵中撒下了为科学、为真理而献身的种子。

在父母的教导下，伽罗瓦学习识字、看书，并且逐渐学会自己阅读。有时，他一个人去图书馆看书，看书看入了神，直到管理员提醒他："伽罗瓦，这儿都下班了，你该回家吃饭了。"他才恋恋不舍地离开图书馆。

伽罗瓦15岁时进入巴黎的一所公立中学读书，他非常喜欢数学。当时，挪威青年数学家阿贝尔证明了"除了某些特殊的五次和五次以上的代数方程可以用根式求解外，一般高于四次的代数方程不能用根式来解"。这是一个延续了200年的数学难题，被阿贝尔初步解决了。什么是根式求解呢？以一元二次方程为例，对于任意一个一元二次方程 $ax^2+bx+c=0$（$a\neq0$）都可用公式

$$x=\frac{-b\pm\sqrt{b^2-4ac}}{2a}$$

来解。在这个公式中除了四则运算外，主要是一个根式。

一元三次方程的求根公式也是由根式来表示的。

阿贝尔的杰出成就轰动了整个数学界，可是有些问题他没有来得及解决，比如怎样判断哪些方程可以用根式求解，哪些方程不能用根式解。由于阿贝尔不满 27 岁就过早地离开了人间，这些问题便遗留下来了。

阿贝尔的成就激励着伽罗瓦。五次方程问题使伽罗瓦产生了浓厚的兴趣。中学时代的伽罗瓦就开始钻研五次方程问题。他研究了大数学家拉格朗日、高斯、柯西和阿贝尔的著作，他特别喜欢读那些能够指出疑难问题的书。他说："最有价值的科学书籍，是著作者在书中明确指出了他不明白的东西的那些书。遗憾的是，这还很少被人们所认识。作者由于掩盖难点，大多害了他的读者。"伽罗瓦通过阅读拉格朗日的《几何》，弄懂了数学的严密性。

1829 年 3 月，17 岁的伽罗瓦在《纯粹与应用数学年刊》上发表了一篇论文。这篇论文清楚地解释了拉格朗日关于连分式的结果，显示了一定的技巧。

在这篇论文发表的前一年，即 1828 年，伽罗瓦就把自己关于方程的两篇论文送交法国科学院要求审查。科学院决定由数学家柯西和泊松负责审查这个中学生的论文。由于柯西根本不把中学生的论文看在眼里，他把伽罗瓦的论文给弄丢了。1829 年伽罗瓦又把自己的研究成果写成论文，送交法国科学院。这次负责审查论文的是数学家傅里叶。不幸的是，傅里叶接到论文，还没来得及看就病逝了，论文又不知下落了。

伽罗瓦的论文两次丢失，这使他非常气愤。但是他没有因此而丧失信心，仍继续钻研方程问题。新的打击接踵而来：1829 年 7 月，伽罗瓦的父亲因持有自由主义政见遭到政治迫害而自杀。一个月后，他报考在科学上有很高声望的多科工艺学院，由于拒绝采用考核人员提出的解答方法来解答问题，结果名落孙山，第二年再考，仍没有考上。他转而报考高等师范学院，因数学成绩出色而被该校录取。这期间，他通过《数学科学通报》得知了阿贝尔去世的消息，同时发现在阿贝尔最终发表的论文中有许多结论在他送交法国科学院的论文中曾提出过。

伽罗瓦这一阶段的研究十分重要，最主要的是他完整地引入了“群”的概念，并且成功地运用了“不变子群”的理论。这些理论着重解决了“任意次方程的代数解问题”。运用这些理论，还可以解决一些多年来没有解决的古典数学问题。由伽罗瓦引入的“群”的概念，现在已经发展成近代代数的一个新分支——群论。

1831 年，伽罗瓦向法国科学院送交了第三篇论文，论文题目是《关于用根式解方程的可解性条件》。由于论文中提出的“置换群”这个崭新的数学概念和方法连泊松这样著名的数学家也难以看懂和不能理解，于是论文被科学院退了回去，并要求伽罗瓦写一份详尽的阐述。可惜，后来伽罗瓦投身政治运动，屡遭迫害，直到死也没完成这项工作。

伽罗瓦刚上大学就结识了几位共和主义的领导人。他越来越不能容忍学校的苛刻校规。他在一个刊物上发表了激烈抨击校长的文章。为此，他被学校开除了。

伽罗瓦失学以后，一方面靠替别人补习数学维持生活，一方面投身于火热的民主革命运动。1831 年 5 月和 7 月，他因参加游行和示威两次被捕入狱。在狱中他继续研究数学，修改关于方程论的论文，研究群论的应用和椭圆函数。半年之后，由于霍乱流行，伽罗瓦从监牢转到一家私人医院服刑。在医院里他继续研究，还写了几篇哲学论文。

由于传染病继续流行，伽罗瓦被释放了。但是反动派又设下圈套，以解决爱情争执为借口，让伽罗瓦与一个反动军官进行决斗。

决斗中伽罗瓦受到致命伤，第二天就死去了。

决斗前夕，伽罗瓦已经预料到自己的不幸结局。他连夜给朋友们写了几封信，请求朋友把他对高次方程代数解的发现交给德国著名数学家雅可比和高斯，“恳求他们，不是对这些东西的正确性，而是对它的重要性发表意见。并且期待着今后有人能够认识这些东西的奥妙，做出恰当的解释。”在朋友们的帮助下，伽罗瓦的最后信件发表在1832 年 9 月号的《百科评论》上，可惜没有引起人们的注意。

伽罗瓦死后 14 年，法国数学家刘维尔从伽罗瓦弟弟手里得到了伽罗瓦生前未公开发表的大部分论文手稿，并把这些手稿发表在自己创办的《数学杂志》上，这才引起数学家们的注意。在伽罗瓦死后 38 年，法国数学家约当写了一部巨著《论置换与代数方程》，全面介绍伽罗瓦的工作，人们才终于真正认识了伽罗瓦。

伽罗瓦短暂的一生给数学留下了瑰宝，正如他在给朋友的信中所写的那样："记住我吧！朋友。为了使祖国知道我的名字，我的生命实在太不够了。除了我的生命，我的一切都已献给了科学，献给了广大群众。"

她是一位罕见的探索者

能在数学史上留名的女数学家是很少的，俄国女数学家索菲娅·柯瓦列夫斯卡娅是杰出的一个。

柯瓦列夫斯卡娅 1850 年生于莫斯科，父亲是一位俄罗斯将军。在她 8 岁的时候，父亲退休携全家到靠近立陶宛的帕里彼那庄园定居。

在庄园安家的时候，家人发现没有带来足够的糊墙纸，买新纸又要跑很远的路，而将军的笔记本上的纸很好，就拿它来糊墙了。这些笔记本是将军早年听数学课的笔记。这样，柯瓦列夫斯卡娅居住的房间里，上上下下，左左右右都是数学公式、数学符号和证明，她生活在数学的海洋里了。

过了几年，柯瓦列夫斯卡娅声称她懂得了许多数学知识，还包括高深的微积分。她的数学教师惊讶地说："你已经懂得了微积分，好像你预先就熟悉它们。"其实，她的数学知识是从糊墙纸上学来的。

柯瓦列夫斯卡娅的父亲是不喜欢让她学数学的，因为学数学一般是男孩子的事。可是，她喜欢数学。13 岁时，她偷偷把一本代数教科书拿到自己房里去读；14 岁时，她弄到一本物理书，书中的光学部分需要用三角知识，她自学了三角。在既没有教师也没有课本的情况下，她通过在圆上作弦的办法居然能解释正弦函数，并能推导其他三角公式。她的邻居是一位物理教授，这位教授看到她推导的过程非常惊讶，这跟书上的推导几乎一样。教授称赞她为“新的帕斯卡”，并建议让她学数学。建议提出一年之后，她父亲才动了心，允许她到彼得堡学数学。

在彼得堡，柯瓦列夫斯卡娅征得教师的同意，非正式随班旁听。由于俄国许多学校都不收女生，她每天在男同学的护送下从后面楼梯去教室，以躲开学校管理人员好奇的目光。

柯瓦列夫斯卡娅学完课程想继续求学，但是，所有俄国大学对妇女都是关闭的，求学唯一的希望是去瑞士。而她的父亲不允许女儿出国，几次协商都无济于事。当时俄国有一条规定，结过婚的妇女不需要父母的签名就可以领到出国的护照。怎么办？为了出国读书，她来了个假结婚。她的假丈夫是一位 26 岁的大学生弗拉基米尔。在征得父母的同意后，她和弗拉基米尔于 1868 年 10 月“结婚”了。

经别人介绍，柯瓦列夫斯卡娅来到柏林，投奔柏林大学著名数学家魏尔斯特拉斯。可是，她一到柏林就吃了一个闭门羹。柯瓦列夫斯卡娅写道：“普鲁士首都是落后的，我的一切恳求和努力都落空了，我没有被批准进入柏林大学。”

怀着研究数学的决心，柯瓦列夫斯卡娅亲自找到魏尔斯特拉斯表达自己渴望攻读数学的心情。魏尔斯特拉斯当场给她出了几道题目，这些题目恰好是他刚刚给大学生们留的作业，她在解题中表现的才能给魏尔斯特拉斯留下了深刻的印象。他亲自向柏林大学请求让柯瓦列夫斯卡娅能非正式地随班听课。但是，学校坚持不让女生听课。

魏尔斯特拉斯不甘心埋没这样一位数学天才，大学不收，就自己给她当家庭教师。课程于 1870 年开始，持续了四年之久。讲课每周两次，星期日在魏尔斯特拉斯家中，另一次在柯瓦列夫斯卡娅的寓所。她后来回忆说：“这样的学习，对我的整个数学生涯影响至深，它最终决定了我以后的科学研究方向，我的所有工作是在魏尔斯特拉斯的精神指导下完成的。”

1874 年，柯瓦列夫斯卡娅完成了三件有独创性的工作，魏尔斯特拉斯对其中的每一项都很满意。1874 年 7 月在她未到场的情况下，既没有经过口试，也没有进行答辩，著名的哥廷根大学以柯瓦列夫斯卡娅优异的成绩授予她博士学位，这在历史上是破天荒的第一次。

虽然柯瓦列夫斯卡娅写出了精彩的论文，获得了博士学位，但是依然找不到工作。有名望的魏尔斯特拉斯为她奔走也无济于事。学业已成，无事可做，她于 1875 年回到俄国老家。

在俄国，柯瓦列夫斯卡娅再次试图找一个工作。对于妇女，数学方面的职业只有到女子学校去教低年级的算术。但是，她承认自己“做乘法运算很慢”。她改行写小说，写戏剧评论，为报纸写科普报道。

1880 年，在俄国的彼得堡召开了科学大会，这次大会激励柯瓦列夫斯卡娅回头搞数学研究。俄国著名数学家切比雪夫邀请她给大会提交一篇论文，她找出了几年前写的还未发表的一篇论文，一夜之间把它由德文译成俄文并献给大会。虽然这篇论文已被原封不动地放置了 6 年，审查小组的数学家们仍满意地接受了它。

提交论文之后，瑞典数学家米塔·列夫勒教授想在瑞典为她找一份与数学有关的工作。早年，她在德国读书时曾见过这位教授。柯瓦列夫斯卡娅非常高兴。她在给这位教授的信中说：“若我能教书，我将以此为妇女打开通向大学的道路。”

米塔·列夫勒教授被任命为新成立的斯德哥尔摩大学数学系主任后，同意让她到斯德哥尔摩大学试教一年，以验证她的能力。在试教的一年中她没有薪金，也不是大学的正式教员。1883 年秋，柯瓦列夫斯卡娅在斯德哥尔摩大学担任讲师，她用德文讲课，很受学生的欢迎。试用一年期满，她被指定为教高等分析的教授。第二年，她又被任命为力学教授。一个 35 岁的女人在大学里同时担任两门学科的教授，在那个时代是绝无仅有的。

她一面教书，一面进行科学研究。她匿名提交的 15 篇论文中有一篇十分杰出，法国科学院因此把奖金从 3000 法郎增至 5000 法郎。1888 年 12 月，她到巴黎领奖，法国科学院院长在给柯瓦列夫斯卡娅的祝词中说："我们的成员发现，她的工作不仅证明她拥有广博深刻的知识，而且显示了她巨大的创造才智。"1889 年，她又获得瑞典科学院的奖励。

1891 年初，柯瓦列夫斯卡娅在从法国返回斯德哥尔摩的途中病倒了。医生起初误诊，当后来发现是肺炎时，病情已无法控制。2 月 19 日，柯瓦列夫斯卡娅与世长辞，时年还不到 41 岁。对于她的死，欧洲学术界广泛地为她致哀。柏林大学的克罗内克教授在悼词中说："她是一位罕见的探索者。"魏尔斯特拉斯教授深为悲恸，他烧掉了她写来的所有信件后说："人虽然离世，思想永存。对柯瓦列夫斯卡娅这样一个杰出人物来说，仅是她在数学和文学上留给子孙后代的业绩就足够多了。"

柯瓦列夫斯卡娅短短的一生留下了出色的数学成果。她冲破重重障碍完成的业绩，充分肯定了她在数学史上的崇高地位。

计算机之父

冯·诺伊曼是 20 世纪最杰出的数学家之一。由于在研制世界上第一台电子数字计算机方面做出了巨大的贡献，他被人们誉为"计算机之父"。

冯·诺伊曼的父亲为犹太人，是位银行家，曾被皇帝授予贵族封号。这个封号就是他家“姓冯”的来历。

冯·诺伊曼从小聪明过人，记忆力很强。据说他6岁就能心算八位数的除法。8岁就掌握了微积分。他10岁时到学校读书，数学老师发现了他出色的数学才能，说服他父亲聘请数学家菲克特做他的家庭教师，以尽快提高他的数学水平。这一招儿果然奏效。中学毕业时，冯·诺伊曼和菲克特合作写了第一篇数学论文。次年，他通过了专门考试，成了一名数学家。

冯·诺伊曼心算能力极强，思维敏捷。据他的另一个老师、著名数学家波利亚回忆说：“约翰·冯·诺伊曼是唯一让我感到害怕的学生。如果我在讲演中列出一道难题，那么当我讲演结束时，他总会手持一张写得很潦草的纸片，说他已把难题解出来了。”冯·诺伊曼兴趣广泛，除了数学，他还喜欢历史，他会讲流利的英语、法语、德语，他熟悉拉丁语和希腊语。他喜爱下棋，为人幽默。

1927年至1929年，冯·诺伊曼在柏林大学当不领薪金的义务讲师。在这期间他发表了集合论、代数学和量子理论的论文，在数学界崭露头角。

1929年10月，他接受美国普林斯顿大学的邀请，到了美国。1931 年被任命为终身教授，1933 年加入美国国籍。

在普林斯顿大学期间，冯·诺伊曼结识了许多世界第一流的科学家，如爱因斯坦、外尔等。他和控制论的创始人、著名数学家维纳经常在一起讨论计算机的研制问题。他和摩根斯特恩研究对策论，合作写出了《博弈论与经济行为》一书，该书是数理经济学的经典著作。

休息时，他常和科学家们打扑克。一次，有位数学家赢了冯·诺伊曼十元美金。他用五元钱买了一本《博弈论与经济行为》，把剩下的五元钱贴在该书的扉页上，与冯·诺伊曼开个玩笑，表示自己胜过博弈论大师冯·诺伊曼。他哪里知道，冯·诺伊曼总是在思考问题，心算推理，打扑克时也难于把精神都集中在玩上。

1940 年后，冯·诺伊曼参与了许多军事方面的研究工作。他担任美国陆军弹道实验室的顾问。他对原子弹的配料、引爆、估算爆炸效果等问题提出过重要改进意见。

在科学技术高度发展的时代，冯·诺伊曼深深感到电子计算机的重要性。他参观了美国费城宾夕法尼亚大学正在研制的电子计算机，指出它的缺点。1945 年 3 月，冯·诺伊曼起草了一个设计报告，确定计算机采用二进制，用电子元件开与关表示“0”和“1”。用这两个数字的组合表示任何数，可以充分发挥电子元件的开关变换，实现高速运算。计算机还要采用存储程序。整个计算机由五部分组成：计算器、控制器、存储器、输入和输出。

1946年以后，冯·诺伊曼在普林斯顿高等研究院领导研制现代大型电子计算机，1951年制成一台每秒钟可以运算百万次以上的电子计算机。他还将电子计算机应用于核武器设计和天气预报上。

冯·诺伊曼拼命地工作，在许多重要的数学领域内取得了重要成果。1955年，他查出患有癌症，癌细胞正在扩散。他以惊人的毅力克服癌症带来的痛苦，研究人工智能问题，写出了讲稿《计算机与人脑》，留给后世。

冯·诺伊曼于1957年2月8日去世，享年53岁。

自学成才的数学家

在芝加哥一家博物馆中有一张引人注目的名单，名单上列的都是当今世界著名的数学家，在这当中有一个中国人的名字——华罗庚。

华罗庚1910年11月12日出生在江苏常州附近的金坛县。华罗庚刚刚生下来就被装在一个箩筐里，上面再扣上一个箩筐，说是这么一扣，灾难病魔就被隔在箩筐外面，可以消灾避难。“罗庚”这个名字就是这么得来的。

华罗庚15岁那年从金坛县初中毕业，到了上海中华职业中学读书。由于家里比较穷，交不起饭费，他只读了一年就读不下去了。当时和他一起念书的，许多是有钱人家的子弟，他们见华罗庚没钱交饭费，就讥笑他是“鲁蛋”。鲁蛋也就是穷光蛋。

华罗庚失学以后只好回到家乡，在父亲的小杂货店里充当记账，帮助做买卖。但是，他并没有和书本断绝来往，他被数学迷住了。他到处托人，借来一本《大代数》，一本《解析几何》和一本只有50页的《微积分》。

人们经常看见华罗庚坐在柜台后面，一边放着算盘，另一边放着数学书。脸虽然朝着外面，眼睛却一直盯着书。有时顾客来买东西，他心里只想着数学，人家问东他答西，常常答非所问，于是就叫他“罗呆子”。

晚上，店铺关门了，他抓住这空闲时间学习到深夜。华罗庚的父亲看儿子像着了魔似的看书，可拿过书一看，又看不懂，他劝说儿子要把心用在做买卖上，可是不起作用。父亲一气之下夺过儿子手中的书，要扔进火炉里，幸亏母亲给抢了下来，才没有被烧掉。

华罗庚18岁时，他的初中老师王维克当上了金坛县初级中学的校长。王老师喜欢华罗庚的聪明好学，就叫他到学校当了会计兼事务。他离开了父亲的小杂货店，开始专心研究数学。

有一次，华罗庚借到一本名叫《学艺》的杂志，这本杂志第七卷第十号上刊载了苏家驹教授写的《代数的五次方程式之解法》一文。他仔细一研究，发现苏教授这篇论文有错误。

华罗庚跑去问王校长：“我能不能写文章，指出苏教授的错误？”

王维克回答：“当然可以。就是圣人，也会有错误！”

华罗庚在王维克校长的鼓励下写出了论文——《苏家驹之代数的五次方程式解法不能成立之理由》，寄给了上海《科学》杂志，那时华罗庚才19岁。

华罗庚刚刚迈上数学的殿堂，不幸染上了伤寒病，病情严重。最后，他虽然从死神的手掌中挣脱了出来，但是左腿骨弯曲变形，落了个终生残疾。也就在这个时候，他的论文在《科学》杂志第十五卷第二期上登出来了。这篇文章改变了华罗庚今后的道路。

华罗庚在《科学》杂志上发表的论文被当时清华大学理学院院长熊庆来发现了。熊教授看到华罗庚的文章观点准确，层次清楚，说理明白，十分欣赏。经多方打听，才知道他是江苏金坛一位失学的青年。熊教授对一个自学青年能写出这样高水平的文章十分佩服，觉得这样的青年，经过系统培养，一定能成为大数学家。熊教授写信给华罗庚，请他到清华大学来。

华罗庚接到熊教授的信，心情十分激动，可是转念一想，自己只有初中文化水平，左腿又有毛病，行动不便；另一方面，自己一贫如洗，连路费也没有啊！经过再三考虑，华罗庚复信熊教授，婉言谢绝了邀请。

熊教授爱才心切，又给华罗庚写了一封信，信中说，华罗庚不来，他就亲自去金坛拜访华罗庚。华罗庚被熊教授一颗赤诚的心所感动，借了钱启程北上。

在清华大学这所名牌大学里，一个初中毕业生能干什么呢？熊教授让华罗庚当助理员，管理图书，收发公文，干一些杂事。最重要的，是让他和大学生一起听课，课后，熊教授亲自辅导。

华罗庚只用了一年半的时间就学完了数学系的全部课程；花了四个月自学英语，就能阅读英文数学文献。他用英文写了三篇论文，寄到国外，全部发表了。清华大学教授会议决定，破格提升华罗庚做教员，他登上了大学的讲坛。在清华大学这几年，华罗庚夜以继日地刻苦攻读，为了弄懂一个问题有时连续几夜不睡。

1936 年，熊教授推荐华罗庚去英国著名的剑桥大学深造。在英国的两年多时间里，他写出了十几篇高水平的论文，引起国际数学界的注意。他关于“塔内问题”的论文被誉为“华氏定理”。

有人劝华罗庚在剑桥大学考取博士学位，可是考取博士要花 7 年时间。华罗庚说：“学位于我如浮云。”他于 1938 年回国。

当时正值日本侵略者向我国发动全面战争，中国大片国土被占。华罗庚到了昆明，在西南联大任教授。当时的教授非常穷。华罗庚讲过一个笑话：一个小偷跟在一位教授的后面，想偷教授的东西。教授发现了，回头对小偷直率地说他是教授。小偷一听，扭头就走，因为小偷知道教授身上没钱。“教授教授，越教越瘦！”

抗日战争时期，昆明生活很苦。华罗庚住在城外的小村里，他住楼上，楼下是猪圈、牛棚，蚊虫乱飞，老鼠乱跑。牛靠在柱子上蹭痒痒，蹭得整座小楼都摇动。在这种艰苦条件下，华罗庚用了三年时间写出了巨著《堆垒素数论》，他又把这本书翻译成英文。他把中文稿交给国民党的中央研究院，几次询问，总是说正在研究。在华罗庚的一再催促下，中央研究院答应把书稿退给他。可是一找，书稿不见了！

这个打击实在是太大了，华罗庚难过了好多日子。幸好，还有一部英文稿，华罗庚把这部英文稿交给了苏联著名数学家维诺格拉托夫。维诺格拉托夫是苏联科学院院士，他非常赏识这本书。他组织人把书从英文翻译成俄文，在苏联出版了。

解放以后，由于没有中文稿，人们只好把《堆垒素数论》再从俄文翻译成中文。这部巨著后来得到了国家的奖励。

1946 年，华罗庚应美国著名数学家外尔教授邀请，去美国伊利诺伊大学任教，被该大学聘为终身教授。

1949 年，中华人民共和国诞生了。为报效祖国，华罗庚放弃了美国优裕的生活条件，于 1950 年 3 月带领全家回到北京。他先在清华大学当教授，后又担任中国科学院数学研究所所长，中国科学技术大学副校长，全国人大常委等职，一手抓研究，一手抓工作。

从 1956 年起，华罗庚教授在工农业生产中积极推广优选法，亲自带队跑遍全国二十几个省市，取得了很大成绩。

1985 年，已经几次心肌梗死的华罗庚教授不顾 70 多岁高龄，东渡日本讲学。由于劳累过度，他倒在了讲坛上，再也没有起来。

从放牛娃到著名数学家

“人的一生看上去很长，但也很短，就看你怎么利用。如果献身于祖国的科学事业，而这事业又代代相传下去，那么，你的生命也仿佛延长了。”这段充满哲理的话，是我国著名数学家苏步青教授的肺腑之言。

苏步青 9 岁才上学。他出生在一个贫苦人家，从小给人家放牛，深知上学的艰难，立志苦学。刚刚升入中学，他已经能把我国古典名著《左传》倒背如流了。他听老师说，《资治通鉴》是宋代大学者司马光主持编写的，全书 294 卷，记载了上起周威烈王二十三年下至五代的历史，要想做个博古通今的学者，不可不读。苏步青开始读起大部头的《资治通鉴》。

苏步青原来比较喜欢古诗词。可是，在温州中学读书时，学校来了一位留学日本的物理老师。这位老师不但课讲得好，还借给同学们许多杂志看，杂志上有不少数学题。这些有趣的数学题，像磁石一样吸引着苏步青，使他爱好文学的志向开始转移。中学的洪校长给他们上《几何》，洪校长讲课生动有趣，把苏步青带进了神奇的数学王国。他开始在数学中寻找新的乐趣，立志学习数学。

1919 年，苏步青高中毕业，东渡到了日本。当时正赶上春季招生，只有东京高等工业学校一所大学招生。东京高等工业学校是日本名牌大学，报考人数多，竞争十分激烈。中国的留学生没有一年的准备是不敢报考的。苏步青到日本时离考试只有三个多月了，他毅然报考。数学试题包括算术、代数、几何、三角共 24 道题，要求 3 个小时答完。苏步青只用了一个小时就全部准确地答完了，第一个交卷。他的解题速度使监考老师十分吃惊。

苏步青以优异成绩考取了东京高等工业学校，又以优异成绩毕业。毕业前夕，学校训导长把苏步青找去，交给他一封信说："苏先生，你有数学才能，应当得到深造。我写了一封介绍信，你拿信到东北帝国大学，找数学系主任。我祝你成功。"苏步青拿着信来到了东北帝国大学，系主任很客气地对他说："苏先生，我们欢迎你。本校是非常重才的，希望你能考取本校。"

1924 年，东北帝国大学只招收 9 名学生，而报考的却有 90 人，苏步青是唯一的中国留学生。考试结果，苏步青的微积分和解析几何都以满分 100 分的优异成绩名列第一。他跨进了数学系的大门。

在东北帝国大学学习期间，国内政局动乱，有时根本没有钱寄给留学生。苏步青利用星期六晚上给人当家庭教师挣点钱来维持生活。在校期间，苏步青发表了第一篇论文《某个定理的扩充》，引起了校长的注意，接着又连续发表了 30 多篇论文，在微分几何方面取得很大的成就。他获得了博士学位。

1931 年，在日本学习了 12 个春秋的苏步青回到了祖国，在浙江大学教书。旧中国物价飞涨，大学教师的工资仅能勉强维持家庭生活。抗日战争爆发，浙江大学内迁，他的生活更苦了。在艰苦条件下，苏步青并不灰心。他常用“长风破浪会有时，直挂云帆济沧海”的诗句鼓励自己。晚上，孩子们都睡下了，他在桐油灯下继续研究微分几何。除了自己研究，他还带出了几个有前途的年轻人。在当时，想找一间屋子很困难，他挑选了四名学生，叫他们搬了两条木板凳，跟着他走进了附近一个山洞。山洞里，地上乱石成堆，石壁上长满了青苔，洞顶上钟乳倒悬，石缝里冒着水珠。由于阳光的折射，洞里倒是挺明亮。苏步青叫学生在板凳上坐好，说：“这里就是我们的数学研究室。山洞虽小，数学的天地广阔。你们要确定自己的研究方向，定期做报告和进行讨论。”苏步青就在这个小小山洞中创立了专题讨论班。

苏步青在浙江大学任教期间，不少才华出众的青年慕名投考浙江大学数学系。谷超豪就是其中一个。谷超豪除了听苏教授的课，还要求参加专题讨论班。苏步青为了考查一下这个年轻大学生的能力，没有马上答应他参加专题讨论班的要求，只是交给他一篇数学论文，要求他一个月之内读懂。谷超豪以为读懂一篇文章不算什么，可是，当他打开文章一读，头上立刻就冒汗了。论文中难点很多，读起来十分困难。谷超豪没有辜负苏教授的期望，对这篇论文全面进行了解释，得到苏教授的赏识。谷超豪在老一辈数学家的关怀下，成长为一名出色的数学家。

苏教授对学生的要求十分严格。苏教授有一名女研究生叫胡和生，他很器重这位才能出众的女弟子，对她要求也很严格。一天，苏教授把一位著名德国数学家写的《黎曼空间曲面论》交给胡和生，要她把这本书读懂，而且每周在专题讨论班上做一次报告。这是一本原版德文书，内容抽象难懂，胡和生的德文又不太好，她便对照德汉字典一页一页地啃。有一次，胡和生为了准备明天的报告，整整一夜没合眼。天刚刚亮，她想合眼休息一下，忽听“咚咚”的敲门声，拉开门一看，见苏教授站在门口，严厉地问:“报告时间到了，你为什么还不去?”胡和生只想闭眼休息一下，谁想睡过了头。苏教授知道她干了通宵，没有再批评她，叫她赶快去做报告。

20 世纪 70 年代末，复旦大学数学系恢复了专题讨论班。每次讨论班活动，年近八十高龄的苏教授都亲自参加。1978 年 8 月 20 日，上海下了通宵暴雨。第二天上午，复旦大学的校园内水深过膝，一片汪洋；一会儿，又刮起了大风。这样恶劣的天气，大家以为苏教授不会来参加讨论会了。谁料想，会议刚刚开始，苏教授已经打着雨伞赶到会场。苏教授就是这样严格要求学生，更严格要求自己的。

苏教授是在国际上有威望的数学家，他在微分几何方面有很高水平，他写的《一般空间微分几何》一书获得了 1956 年国家自然科学奖。

苏教授为祖国培养出一大批成绩卓著的数学家，现在全国数学理事会中就有 15 名理事曾是苏教授的学生。

2003 年 3 月 17 日，苏步青在上海逝世，享年 101 岁。

立志摘取明珠

在数学皇冠上，有一颗耀眼的明珠，那就是著名的“哥德巴赫猜想”。200 多年来，多少世界著名的数学家想解决这个问题，都没有成功。在伸向这颗明珠的无数双手中，有一双手距离明珠最近，那就是我国著名数学家陈景润的一双勤奋的手。

陈景润是福建人，父母是邮局职员。母亲一共生了 12 个孩子，可是只活了 6 个。陈景润排行老三。母亲终日劳动，也顾不上疼他、爱他，再加上日寇和国民党的烧杀抢掠给陈景润幼小的心灵留下了创伤，他性格有些孤僻。

陈景润非常喜爱读书，上小学和中学时是班上有名的读书迷，同学们都佩服他背诵书本的能力。他说：“我读书不只满足于读懂，而是要把读懂的东西背得滚瓜烂熟，熟能生巧嘛！”他把数理化的许多定义、定理、公式全装进脑子里，等需要时就拿来用。

有一次化学老师要求同学把一本书都背下来。背下一本书？有必要吗？但是，陈景润却不以为然，他说，这怕什么？多花点工夫就可以记下来。果然，没过几天，他就把整本书背了下来。不过，陈景润最感兴趣的还是数学。

陈景润平时少言寡语，可非常勤学好问。为了深入探求知识，他主动接近老师，请教问题或借阅参考书。为了不耽误老师的时间，他总利用下课后老师散步或放学路上的时间，跟老师一边走，一边请教数学问题。他自己说："只要是谈论数学，我就滔滔不绝，不再沉默寡言了。"

陈景润的高中是在英华中学念的。在这所中学里有一位数学教师叫沈元，他曾是清华大学航空系系主任。沈老师知识渊博，课上给学生们讲许多吸引人的数学知识。有一次，他向学生讲了个数学难题，叫"哥德巴赫猜想"。

哥德巴赫本来是普鲁士驻俄罗斯的一位公使，他的爱好是钻研数学。哥德巴赫和著名数学家欧拉经常通信，讨论数学问题，这种联系达 15 年之久。

1742 年 6 月 7 日，哥德巴赫写信告诉欧拉，说他想发表一个猜想：每个大偶数都可以写成两个质数之和。同年 6 月 30 日欧拉给他回信说："每一个偶数都是两个质数之和，虽然我还不能证明它，但我确信这个论断是完全正确的。"可是欧拉和哥德巴赫一生都没能证明这个猜想，以后的 200 年里，也没有哪位数学家把它攻克。

沈老师又说："中国古代出过许多著名的数学家，像刘徽、祖冲之、秦九韶、朱世杰等。你们能不能也出一个数学家？昨天晚上我做了一个梦，梦见你们当中出了个了不起的人，他证明了哥德巴赫猜想。"

沈老师最后一句话引得同学们哈哈大笑。陈景润却没笑，他暗下决心，一定要为中国争光，立志攻克这个数学堡垒。

福州的英华中学当时是文、理分科的。特别喜欢数学的陈景润偏偏选读文科班，他是有他的想法的。陈景润想，文科班所学的数理化都比理科班浅，这样就可以集中最大精力去攻读数学中更高深的知识。他自学了大学的《微积分学》、哈佛大学讲义《高等代数引论》以及《赫克氏大代数》等。

陈景润考入厦门大学之后，更加用功了。大学的书本又大又厚，携带阅读十分不方便，他就把书拆开。比如，他曾把华罗庚教授的《堆垒素数论》和《数论导引》拆成一页一页的，随时带着读。陈景润坐着读，站着读，躺着读，蹲着读，一直把一页一页的书都读烂了。

大学毕业之后，陈景润到北京当了一段时间的中学数学教师，后来又回到厦门大学，在图书馆工作，这下子可有时间钻研他喜爱的数学了。由于夜以继日地攻读，身体底子又不好，再加上舍不得吃，把节省下的钱买书，他得了肺结核和腹膜结核病。一年住了六次医院，做了三次手术。

疾病的折磨，攀登道路的艰险，都没有吓倒瘦小的陈景润。他写出了数论方面的论文，寄到中国科学院数学研究所。华罗庚所长看了他的论文，从论文中看出陈景润是位很有前途的数学天才，建议把陈景润调到数学研究所，专门从事数学研究。陈景润欣喜若狂。熊庆来教授发现了华罗庚，华罗庚又发现了陈景润，数学接力棒就是这样一代一代传下去的。

陈景润调到数学研究所以后，数学研究取得长足进步，在许多著名数学问题，如“圆内整点问题”“华林问题”等上，都取得了重要成果。陈景润开始研究“哥德巴赫猜想”，准备摘取这颗数学皇冠上更大、更光彩夺目的明珠。

前人在哥德巴赫猜想上已经做了许多工作：

1742年，哥德巴赫提出每个不小于6的偶数都可以表示为两个质数之和，比如6＝3＋3，24＝11＋13，等等。

有人对偶数逐个进行了检验，一直验算到三亿三千万，发现这个猜想都是对的。但是，偶数的个数无穷，几个偶数代表不了全体偶数。因此，对全体偶数这个猜想是否正确，还不能肯定。

20世纪初，数学家发现直接攻破这个堡垒很难，就采用了迂回战术。先从简单一点的外围开始，如果能证明每个大偶数都是两个“质数因子不太多的”数之和，然后逐步减少每个数所含质数因子的个数，直到最后，每个数只含一个质数因子。也就是说，这两个数本身就是质数，这不就证出了“哥德巴赫猜想”了吗？

1920年，挪威数学家布朗证明每一个大偶数都可以表示为两个“质数因子个数都不超过九的”数之和。简记为9＋9。

1924年，数学家拉德马哈尔证明了7＋7；1932年，爱斯斯尔曼证明了6＋6；1938年和1940年，布赫斯塔勃相继证明了5＋5，4＋4；1958年，我国青年数学家王元证明了2+3；1962年，王元和山东大学的潘承洞教授又证明了1+4；1965年，维诺格拉托夫等人证明了1+3。包围圈越缩越小，工作越来越艰巨，每往前走一步都是异常困难的。

1966年5月，陈景润向全世界宣布，他证明了1+2，离最终目的1+1只有一步之遥了。由于陈景润的证明过程太复杂，有两百多页稿纸，所以没有全部发表。数学要求准确、简洁，陈景润不满足于现有的成果，他要简化自己的证明过程。

"文革"开始了，陈景润被限制了生活的自由。后来虽然放松了一点，但还是不允许他继续从事数学研究。有人把他屋里的电灯拆走了，灯绳也剪断了。

黑暗怎么能遮住陈景润内心的光明？陈景润买了一盏煤油灯，把窗户用纸糊严，使外面看不到屋里，继续从事研究。但是，疾病使他虚弱到了极点。

毛主席和周总理知道了陈景润的工作和处境，把他送进医院，使他获得了新的生命力。1973年他全文发表了《表大偶数为一个素数及一个不超过两个素数的乘积之和》这篇重要论文。

陈景润的论文在国际数学界得到极大的反响。英国数学家哈勃斯丹和联帮德国数学家李希特的著作《筛法》正在校对，他们见到陈景润的论文后，要求暂不付印，在书中加了一章"陈氏定理"。一位外国数学家写信给陈景润说："你移动了群山！"

4. 游戏与数学

巧取石子

找一些小石子，两个人就可以玩抓石子的游戏了。玩法是先把石子分成数目不同的两堆，两人轮流抓石子，每次可以从一堆石子中任取一个或者几个，甚至可以把一整堆石子全部取走。如果从两堆中同时取石子，从每堆取走的石子数必须相等。另外，轮到谁取，他至少要取一颗石子，不许不拿。谁取到最后一个石子，谁就得胜。

这个游戏虽然简单，可也有窍门儿。按这个窍门儿取，就必胜无疑。

窍门儿是：要记住在每次取走石子以后，使留下的石子数为以下数对：(1，2)，(3，5)，(4，7)，(6，10)……

比如，原来的两堆石子数，一堆是 7 个石子，另一堆有 10 个石子。你先取，可从有 10 个石子的一堆取走 6 个，使剩下的石子数为（7，4）。往下不管对手怎样取，你已稳操胜券。

比如说，往下对手从多的一堆取走一个石子，留下

(6，4) 个石子；你从每一堆中各取一个石子，使剩下的石子数为 (5，3)。如果对手也从每一堆各取一个石子，剩下 (4，2)，你从一堆中取走 3 个石子，剩下 (1，2)。如果对手把一堆的石子全抓走，你把另一堆石子全抓走，你获胜；如果对手从有两个石子的一堆中取走一个，按规定你可以把剩下的 (1，1) 全部拿走，你获胜。因此，只要你使剩下的石子数为 (7，4)，不管对手怎样拿法，最后，总是你获胜。

人们把 (1，2)，(3，5)，(4，7)，(6，10) ……叫作"胜利数"。胜利数是怎样得来的呢？

先取定第一对胜利数 (1，2)。接着取 3，让 3 加上第二对的序数 2，3＋（序数）2＝5，这就得到了 (3，5)；再取 4，4＋（序数）3＝7，又得到 (4，7)。这样一步步算下去，可得下表：

序　　数	1	2	3	4	5	6	7	8	9	10
第一堆石子数	1	3	4	6	8	9	11	12	14	16
第二堆石子数	2	5	7	10	13	15	18	20	23	26

这个表的特点是：最上面一行写序数。第一堆石子数，就是前面（包括第一行和第三行）没有用过的最小自然数。把对应的第一行和第二行数相加，就得到第二堆石子数。

点燃烽火台

战争中通信联络是十分重要的。古代没有电报、电话，战争中靠骑马来传递军事情报。如果路途比较远，军情紧急，用马来作通信工具就太慢了。为此古代常修筑烽火台。现在北京八达岭附近还保留着烽火台，点燃烽火就能把情报及时传出去。

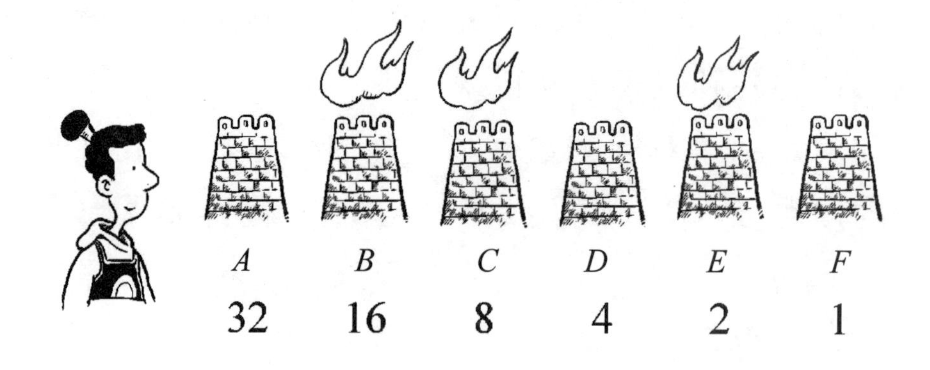

修建一个烽火台，可以报告有无敌人来犯。如果修建6座烽火台，不但可以报告有无敌人来犯，还可以报告敌人来犯的人数。如果以1000人为单位，6座烽火台可报告来敌1000～63000之间的数目。

先来谈谈如何报告敌人的人数：如图所示有A，B，C，D，E，F 6座烽火台。烽火台下面依次标上数码32，16，8，4，2，1。

现在是B、C、E三个烽火台点燃了烽火，就把这三个烽火台下面的数目相加，$16+8+2=26$，说明有26000名敌人来犯。假如是把A，E，F三个烽火台点燃，由

32＋2＋1＝35 可知，有 35000 名敌人来犯。

以上是作为接收信号的一方，如何根据烽火点燃的情况来计算敌人数目的。作为发出信号的一方，又如何根据来犯的人数点燃哪几个烽火台呢？可以使用短除法。比如来了 35000 名敌人，将 35 连续用 2 除，右端写出余数，一直除到 0 为止。

把余数由下向上依次填到 A，B，C，D，E，F 烽火台的下面。凡是下面是 1 的烽火台点燃烽火，下面写 0 的不点烽火。这样，点燃 A，E，F 三个烽火台，就能把 35000 名敌人的情报传出去。

烽火传数的道理是什么呢？主要是使用了二进制数。

我们平时使用的数制是十进位制。十进位制需要 10 个不同的数字 0，1，2，…，9，然后是“逢十进一”；在二进位制中只需要两个不同的数字 0 和 1，然后是“逢二进一”。

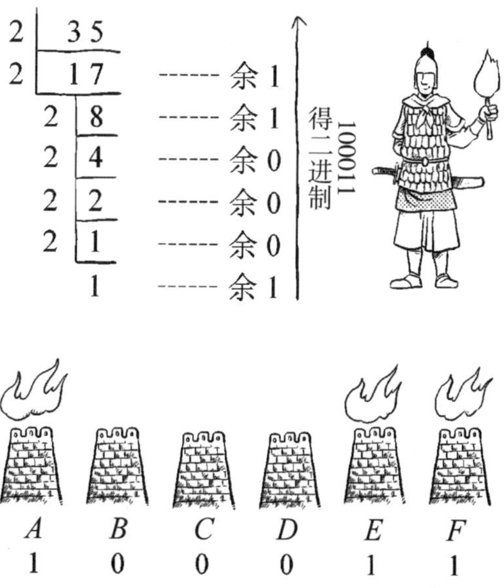

二进制数一个最大的优点是，用两个动作就可以表示出任何数字。比如，用电灯的“亮”表示 1，用“灭”表示 0，那么用一排电灯就可以把一定数目的数传出去。同样，可用点燃蜡烛或点燃烽火台表示“1”，用熄灭蜡烛或熄灭烽火台表示“0”。在电子计算机中用接通电路表示“1”，断掉电路表示“0”，等等。如果用十进制数来传递数字，就需十个不同的动作才行，那就麻烦多了。

十进制与二进制的关系如下：

十进位制	0	1	2	3	4	5	6	7	8	9	10
二进位制	0	1	10	11	100	101	110	111	1000	1001	1010

二进制数每一位都固定表示十进制的一个数。具体可见下表：

二进制的数位	九位	八位	七位	六位	五位	四位	三位	二位	末位
二进制数某一位上的“1”表示十进制数	2^8 即 256	2^7 即 128	2^6 即 64	2^5 即 32	2^4 即 16	2^3 即 8	2^2 即 4	2^1 即 2	2^0 即 1

比如，将二进制数 101101 化成十进制数，就可以使用上表来化：

二进制数　1　0　1　1　0　1

⋮　⋮　⋮　⋮　⋮

十进制数　$2^5+0+2^3+2^2+0+2^0$

即 $32+0+8+4+0+1=45$，记作 $101101_{(2)}=45$。右下角的（2）表示二进制数，以示与十进制数区别。

上面提到的 6 座烽火台，用点燃表示“1”，不点燃表示“0”，就可以把一个 6 位的二进制数传递出去。以 1000 人为单位，最少点燃烽火台 F，这时所表示的是 $000001_{(2)}=1$，即有 1000 名敌人；最多把 6 座烽火台全部点燃，表示了 $111111_{(2)}=32+16+8+4+2+1=63$，即有 63000 名敌人。因此，这 6 座烽火台能表示的数是 1000 到 63000 人。

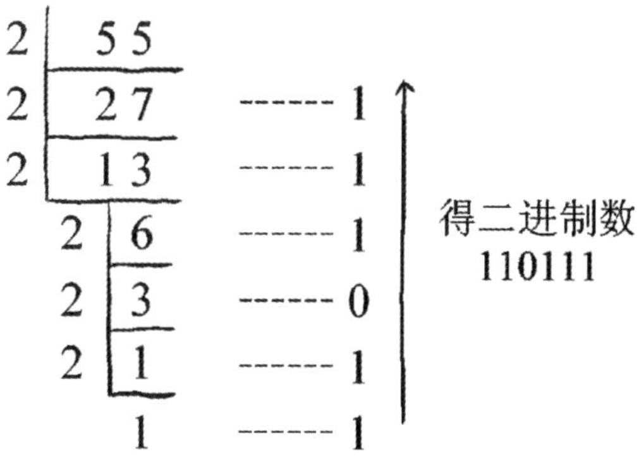

2 | 55
2 | 27 ------ 1
2 | 13 ------ 1
2 | 6 ------ 1
2 | 3 ------ 0
2 | 1 ------ 1
1 ------ 1

得二进制数
110111

把十进制数化成二进制数采用连续用 2 短除，一直除到商 0 为止。比如将 55 化成二进制数，得 110111，即 $55=110111_{(2)}$。

有趣的数字卡片

“你叫什么名字?”

“我叫王一兵。”

“你今年多大年龄?”

“我 14 岁。”

这是一般的问话。如果能做出 A，B，C，D，E，F 6 块数字板，问话就可以变化一下：

“你叫什么名字?”

“我叫王一兵。”

32	33	34	35	36	37
38	39	40	41	42	43
44	45	46	47	48	49
50	51	52	53	54	55
56	57	58	59	60	61
62	63				

(A)

16	17	18	19	20	21
22	23	24	25	26	27
28	29	30	31	48	49
50	51	52	53	54	55
56	57	58	59	60	61
62	63				

(B)

8	9	10	11	12	13
14	15	24	25	26	27
28	29	30	31	40	41
42	43	44	45	46	47
56	57	58	59	60	61
62	63				

(C)

4	5	6	7	12	13
14	15	20	21	22	23
28	29	30	31	36	37
38	39	44	45	46	47
52	53	54	55	60	61
62	63				

(D)

2	3	6	7	10	11
14	15	18	19	22	23
26	27	30	31	34	35
38	39	42	43	46	47
50	51	54	55	58	59
62	63				

(E)

1	3	5	7	9	11
13	15	17	19	21	23
25	27	29	31	33	35
37	39	41	43	45	47
49	51	53	55	57	59
61	63				

(F)

“我这儿有 6 块数字板，依次给你看。你看数字板上有你的年龄就答‘有’，没有你的年龄就答‘无’。我立刻就知道你多大年龄。”

你按照 A，B，C，D，E，F 次序给王一兵看，他答“有”你记个“1”；他答“无”你记个“0”。比如王一兵回

答说无、无、有、有、有、无。这时你记下的数就是 0，0，1，1，1，0。然后用下式计算

$$0\times2^5+0\times2^4+1\times2^3+1\times2^2+1\times2+0\times2^0$$
$$=0+0+8+4+2+0$$
$$=14\text{（岁）}.$$

所以，王一兵今年 14 岁。

如果一位中年人回答是：有、有、无、无、无、有。那么这位中年人的年龄是

$$1\times2^5+1\times2^4+0\times2^3+0\times2^2+0\times2+1\times2^0$$
$$=32+16+0+0+0+1$$
$$=49\text{（岁）}.$$

从计算过程中不难看出，这里使用的还是二进制数化十进制数。猜年龄的奥妙在于这 6 块数字板的制作。制作方法如下：

使用这组数字板所能猜的最大年龄为 63 岁。把从 1 到 63 都转化成二进制数，凡是最末位为 1 的数填到表格 F 板中，第二位为 1 的数填到 E 板中，依此类推，凡第六位为 1 的数填到 A 板中。如果这个二进制数同时在几位上出现了 1，那就同时在几个板上填上此数。

除数	被除数/商	余数
2	42	
2	21	------ 0
2	10	------ 1
2	5	------ 0
2	2	------ 1
2	1	------ 0
	1	------ 1

以 42 为例，先用短除将 42 化成二进制数 101010，这个数的第二、四、六位是 1，其他位全是 0。就把 42 这个数分别填进 E，C，A 三个数板中。按这

种方法把 1 到 63 分别填进六块数字板，就得到了这副猜年龄的道具。

取火柴游戏

上面谈到了取石子游戏，现在介绍取火柴游戏。这两种游戏有相似之处，也有很多不同。

有若干根火柴，分成数堆，堆的数目和每堆火柴的数目都可以是任意的。现有甲、乙两人轮流取这些火柴，取火柴的规则是：可以取任何一堆里的任何数量的火柴；只许从一堆里取，不许同时从两堆或两堆以上的火柴堆里取火柴；不许轮空不取。最后拿尽者为胜。

从上面规则中可以看到取石子和取火柴的不同之处：取石子可以从两堆中取相同数量的石子，而取火柴只许从一堆里取；取石子只限于两堆石子，而取火柴可以有任意堆火柴。

据说，这种游戏发源于我国，后流传到国外，至今外国人还称这个游戏为“中国的两人游戏问题”。

与取石子相似，取火柴也有所谓胜利位置。比如，两堆火柴，每堆火柴有两根时，谁后取谁就占有胜利的位置。假设甲后取而乙先取，乙取火柴只有两种方案：从一堆中取走一根或两根。当乙取一根时，甲从另一堆中也同样取一根，剩下（1，1），由于不许不取，乙再取一根，甲就取得最后一根，甲胜；当乙取两根时，甲把另一堆的两根取走，也是甲胜。

现在考虑三堆的情况：三堆火柴分别是 1 根、2 根、3 根，写成（1，2，3）。把它们用二进制数表示就是 01、10 和 11，把它们相加有

$$
\begin{array}{r}
01 \\
10 \\
+)\ 11 \\
\hline
22
\end{array}
$$

如果加出来的数全是偶数，这时后取就是胜利位置，否则就是失败的位置。再如（1，3，4）这样三堆火柴，用二进制数来写就是 001、011、100，相加有

$$
\begin{array}{r}
001 \\
011 \\
+)\ 100 \\
\hline
112
\end{array}
$$

如果加出来的数有两个奇数，这时后取就是失败的位置。

甲要想战胜乙，必须是甲取后用二进制数表示的每行之和全是偶数，这就需要甲在取火柴之前作好心算，根据心算的结果进行适当调整。比如乙取后出现了：偶、偶、奇、偶、奇、偶。

这时甲从适当的一堆中取走10根火柴。由于10用二进制表示是1010，所以取走之后，其和必是：偶，偶，偶，偶，偶，偶。

这时甲就占据了胜利位置。

调动士兵

在一张硬纸上画好一排格子，格子的数目可以从十几个到几十个不限。再找若干个小石子充当士兵。

每次参加游戏的是两个人，把小石子任意放在格子里，每格最多放一个。

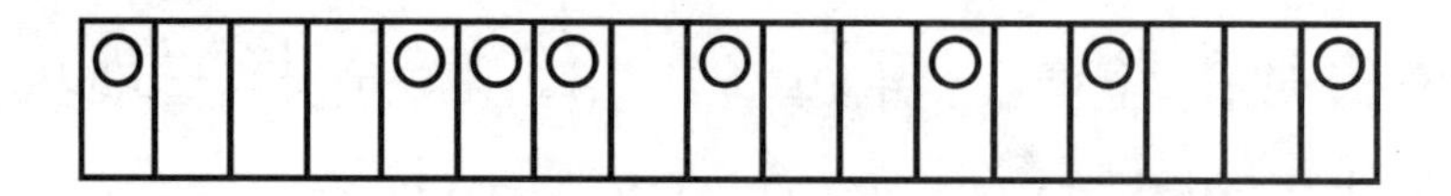

参加游戏的人可以命令士兵向左移动，但是每次只能命令一个士兵移动。士兵移动的格数不限，但不能跳跃过前面的士兵，也不能把两名士兵放到同一个格子里。两人轮流调动士兵，谁能把士兵在最左边的位置排好，谁就取胜。

先画好了一排17个格子，里面放上8名士兵，从右到左把士兵排上号。

从右边开始，把相邻士兵中间的格子数写出来：

2，1，2，1，0，0，3.

然后从第一个数开始，隔一个数取一个，得到以下4

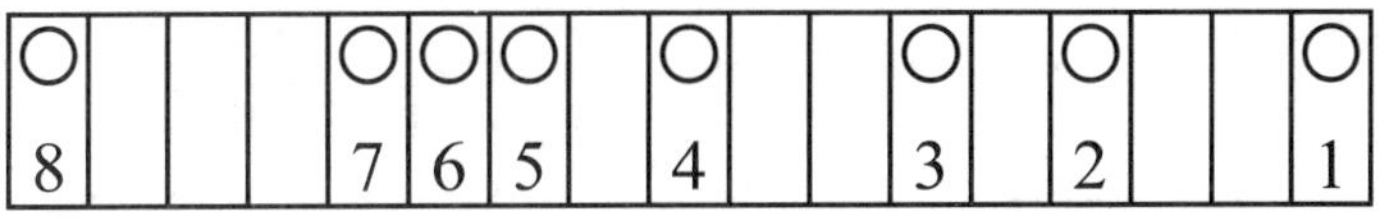

○				○	○	○		○			○		○			○
8				7	6	5		4			3		2			1

个数：

2，2，0，3.

取胜的诀窍在于：把上面的 4 个数先化成二进制数，再把这 4 个二进制数按十进制数加法相加。如果其和的每一位都是偶数，那么这就是正确的调动，否则就可能输掉。

把 2，2，0，3 化成二进制数。由于 0 不影响其和的奇偶性，0 可以不去考虑，这样得到 10，10，11。

相加：

$$\begin{array}{r} 10 \\ 10 \\ +11 \\ \hline 31 \end{array}$$

其和的两位数字全是奇数。

下面该你调动士兵了。你就应该想办法通过你的调动，使和的两位数字全变成偶数。最简单的办法是去掉 11，可以命令 7 号士兵向左走三步，让它紧靠 8 号士兵。这时相邻士兵中间的格子数是：

2，1，2，1，0，3，0.

从左边开始，间隔取出 4 个数是：

2，2，0，0.

○	○				○	○		○			○		○			○
8	7				6	5		4			3		2			1

把它们化成二进制数后，按十进制数加法相加，得

$$\begin{array}{r} 10 \\ +10 \\ \hline 20 \end{array}$$

如果对方调动某一个士兵使某一空隙扩大，你只要调动右边紧邻的那个士兵，亦步亦趋保持原先的空隙就行了。比如，对方把 6 号士兵向左调动三步，与 7 号士兵紧靠。

○	○	○				○		○			○		○			○
8	7	6				5		4			3		2			1

你就把 5 号士兵也向左调动三步，见下图。

○	○	○	○					○			○		○			○
8	7	6	5					4			3		2			1

对方把 6 号向左调动三步，从右数的空格数依次为

2，1，2，1，3，0，0.

间隔挑出的 4 个数是：

2，2，3，0.

化成二进制数相加，得

$$\begin{array}{r} 10 \\ 10 \\ +11 \\ \hline 31 \end{array}$$

其和的两位数字都成了奇数。

你把 5 号也向左调动了三步，空格数变成了

2，1，2，4，0，0，0.

间隔挑出的四个数是：

2，2，0，0.

这时有

$$\begin{array}{r} 10 \\ +10 \\ \hline 20 \end{array}$$

又变成偶数，你处在胜利的位置了。

小游戏里有大学问

前面做游戏时，取了石子，取了火柴，这次取硬币。

取硬币的游戏还是由两个人来玩。先准备好 13 个硬币，由两个人轮流拿。规则是，一人一次可以拿 1 到 3 个，不许多拿也不许不拿。谁拿到最后一个硬币，谁就算输。

比如乙先拿，甲要获胜，只要根据乙拿硬币的多少，甲相应地拿一定数目的硬币，就一定能获胜。甲拿硬币的

原则是：使每次剩给乙的数相差4个。请看下表：

13个

乙拿3个	乙拿2个	乙拿1个
甲拿1个	甲拿2个	甲拿3个

↓

9个

乙拿3个	乙拿2个	乙拿1个
甲拿1个	甲拿2个	甲拿3个

↓

5个

乙拿3个	乙拿2个	乙拿1个
甲拿1个	甲拿2个	甲拿3个

↓

1个

最后剩下一个，必然是乙拿走，则甲获胜。

这种根据对手的不同情况而采取不同的策略属于“对策论”的范畴。所谓“对策论”，是军事上的一种理论，它是把数学的道理应用到军事上去，研究如何能够取胜的一门学问。

我国战国时代的军事家孙膑是对策论的创始人。著名的“田忌赛马”就是应用对策论的例子。

传说孙膑曾在齐国将军田忌家里作客。田忌常和齐王及诸公子赛马打赌。田忌的马有上、中、下三等，齐王的马也有上、中、下三等。但是，齐王的马每等都比田忌的好，因此田忌很难取胜。孙膑给田忌出了个主意，他说：“齐王出上等马，你就出下等马与他比，当然你必输；等齐王出中等马时，你就出上等马，这时你赢；等齐王出下等马时，你出中等马，你还能赢。”田忌按照孙膑的话去做，结果是赢了两场，输了一场，赢得了齐王一千金。

详细分析敌我实力，运用数学的规律，采取适当的策略，使劣势变成优势，掌握胜利的关键，这就是对策论的指导思想。

小游戏里可有大学问哪！

切蛋糕的学问

现在有一块圆蛋糕，用刀把它切开，只许竖着切，不许横着切。谁能 6 刀切出最多块数，谁就获胜。

下图（1）、（2）都是各切了 6 刀，把蛋糕切成了 12 块；而图（3）只切了 5 刀，却切出了 16 块，获胜。

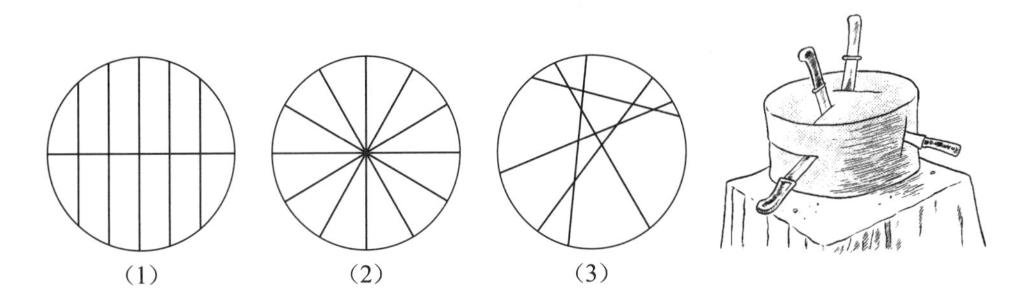

(1) (2) (3)

分析一下，图（1）、图（2）为什么不好呢？

图（1）的切法中有 5 刀是相互平行的；

图（2）的切法中 6 刀都通过共同一点；

图（3）的切法中，第一没有两刀平行，第二没有三刀通过一点，第三每一刀都和其他刀相交。

如果能按着图（3）切法中的三条要领去切，一定能获胜。

在按着图（3）的切法的前提下，能不能知道切出的块数？

令 $f(n)$ 表示刀切下去出现的蛋糕块数。

那么 $f(1)=2$，即切一刀得两块；

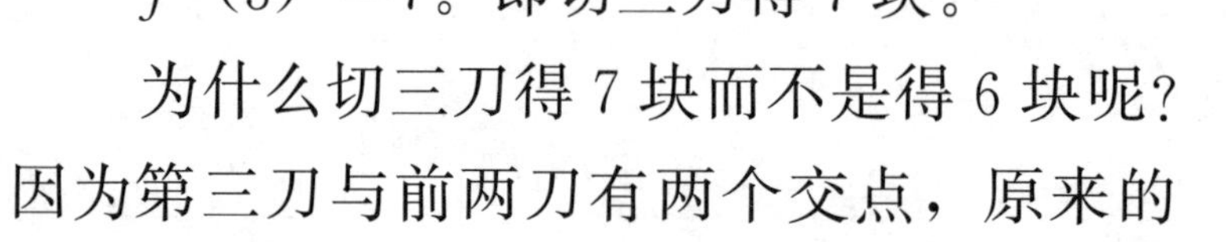

$f(2)=4$，即切两刀得 4 块；

$f(3)=7$。即切三刀得 7 块。

为什么切三刀得 7 块而不是得 6 块呢？因为第三刀与前两刀有两个交点，原来的 4 块并没减少，只是每块的面积变小，而第三刀又多切出 3 块。因此

$f(3)=f(2)+3=4+3=7$，

$f(4)=f(3)+4=7+4=11$，

$f(5)=f(4)+5=11+5=16$，

$f(6)=f(5)+6=16+6=22$，

……

$f(n)=f(n-1)+n$.

从这个递推公式可以知道，切 6 刀最多可以得 22 块。

以上这个递推公式用起来不太方便，你要求 $f(7)$，需要把 $f(1)$，$f(2)$，$f(3)$，…，$f(6)$ 都依次求出来，最后，才能用 $f(7)=f(7-1)+7$ 求出 $f(7)$ 来。

由 $f(n)=f(n-1)+n$，

可推出 $f(n)=1+\frac{n(n+1)}{2}$.

有了这个公式，再计算块数可就方便多了。比如，切10 刀能切出多少块?

$$f(10)=1+\frac{10\times(10+1)}{2}$$

$$=1+55=56\text{（块）}.$$

从三角板到七巧板

用一副三角板拼不出什么好看的图形，如果有几块各种形状的板，情况就大不一样了。

七巧板是产生于我国的一种古老的智力玩具，它的制作并不复杂，找一块正方形的硬纸板，按右图的实线剪开，就可以得到一副七巧板，它由 5 块三角形、1 块正方形和 1 块平行四边形组成。

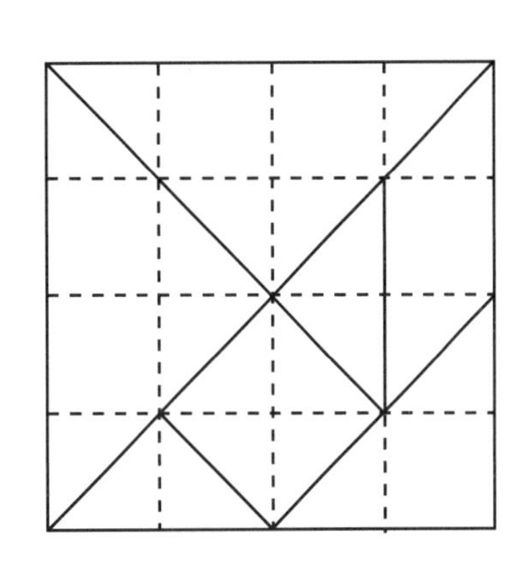

七巧板据说起源于我国古代的一种组合家具——燕几。在 1000 多年前的唐代，有人发明了用一套可以分开、拼合的桌子来宴请客人。在客人到来的时候把桌子摆成各种有趣的图案，来增加宴会的气氛。后来，这种可以拼图的桌子慢慢演变成今天的七巧板。

我国清代有人撰写了研究七巧板的书，叫《七巧图合璧》。至今剑桥大学还珍藏着一本《七巧新谱》。七巧板传入欧美后引起许多人的兴趣。美国著名作家爱伦·坡还专门制作了一副精致的象牙七巧板。传说，法国皇帝拿破仑就十分喜欢七巧板。1815 年，拿破仑的军队兵败滑铁卢，拿破仑被俘，被流放到南大西洋的圣赫勒拿岛，在这个荒岛上他津津有味地摆弄七巧板，一直到死。

你别看它只有 7 块板，它可以拼出字、数、动物、人物、建筑、车辆等好多种图形，请看一组动物造型：

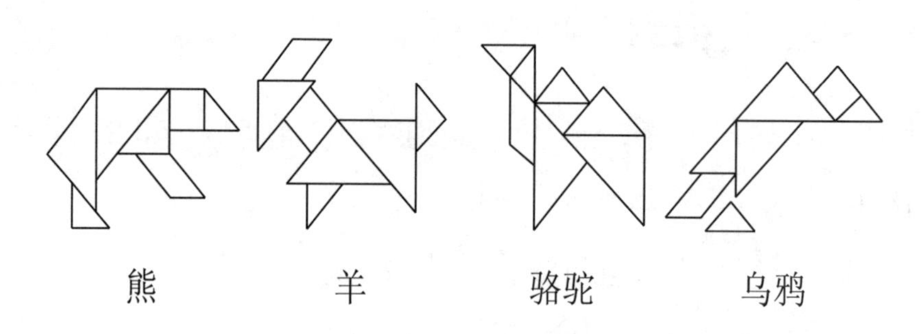

再看一组运动造型：

下面是物品造型：

用几副七巧板可以拼出各种复杂的图形。除了可以拼图，七巧板还可以用来证明几何定理，比如证明勾股定理。

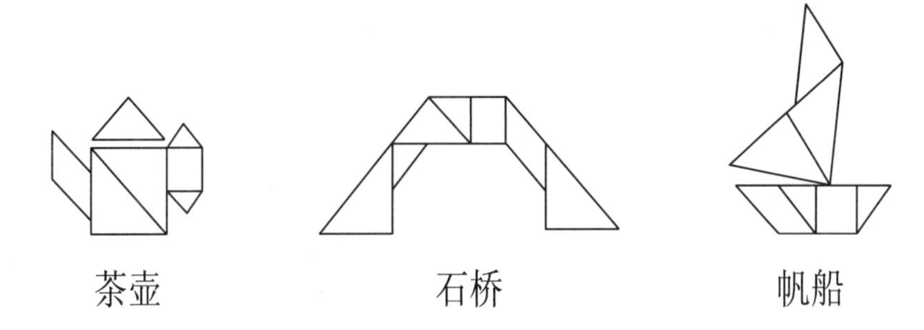

下图△ABC 为直角三角形，在每边上作一个正方形，只要能证明大正方形面积等于两个小正方形面积之和，就证明了勾股定理 $a^2+b^2=c^2$。

在大正方形上划分出七巧板，这七巧板正好能拼在两个小正方形上。这里要说明的一点是，△ABC 是特殊直角三角形，它的两腰相等。对于证明来说，应该是一般的直角三角形才对。

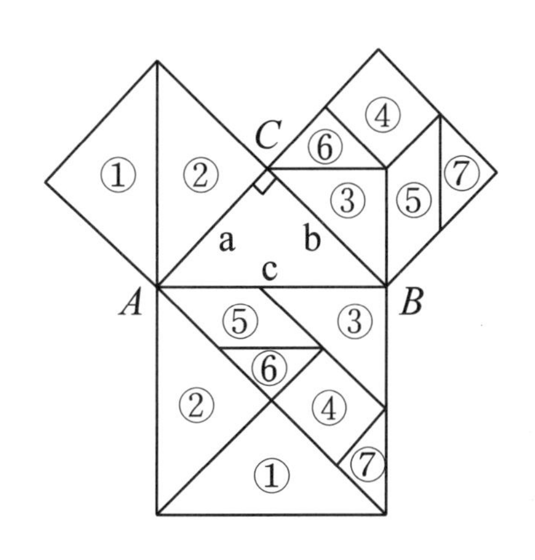

七巧板可以拼出什么图形？不能拼出什么图形？这是个很重要的问题。现在有人使用电子计算机对它进行研究。他设计出一种程序，你随便画出一个图形，在2秒钟内电子计算机就可以告诉你，你画的这个图能不能用七巧板拼出来。如果能拼，它会显示出拼的方法，如果不能拼，你也就不用白费力气啦！

七巧板除了能在正方形中分割出来，还可以在圆中分割，在圆中分割的叫“圆形七巧板”。制作方法如下：

作半径 OA 的垂直平分线交圆 O 于 C；

以 C 为圆心，OA 为半径画弧 $\overset{\frown}{OA}$。同样方法画弧 $\overset{\frown}{OB}$，$\overset{\frown}{OE}$，$\overset{\frown}{OF}$；

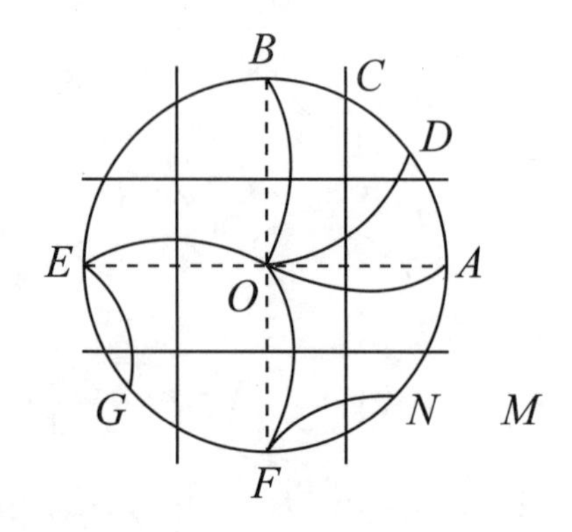

以 B 为圆心，OA 为半径画弧 $\overset{\frown}{OD}$。

找到 $\overset{\frown}{AF}$ 的中点 N，分别以 A、N 为圆心，OA 为半径画弧交于 M 点，以 M 点为圆心，OA 为半径画弧 $\overset{\frown}{AN}$。同样方法可画弧 $\overset{\frown}{EG}$。

这样就画出了圆形七巧板。用圆形七巧板可以拼出带有圆弧线的动物，姿态活泼逼真。请看下面拼图：

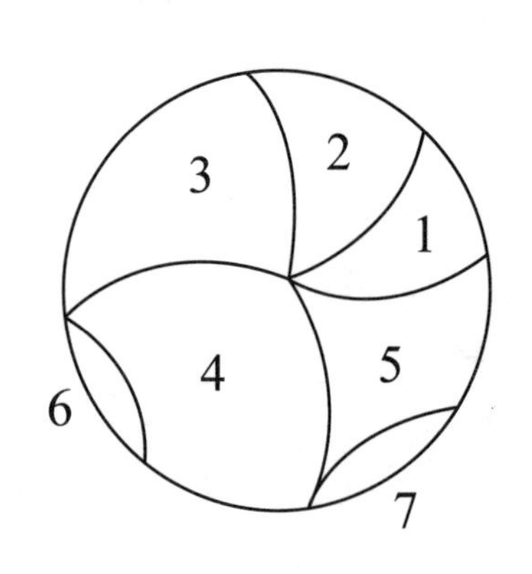

由于七巧板是一种益智玩具，对开发人的智力很有好处，所以玩的人越来越多，而七巧板本身也在不断地演变。

比如五巧板、十巧板、十二巧板、双七巧板、百巧板、双圆拼板、心形拼板等等。由于板数加多，形状多样，拼出来的图也就越来越复杂，越来越好看。

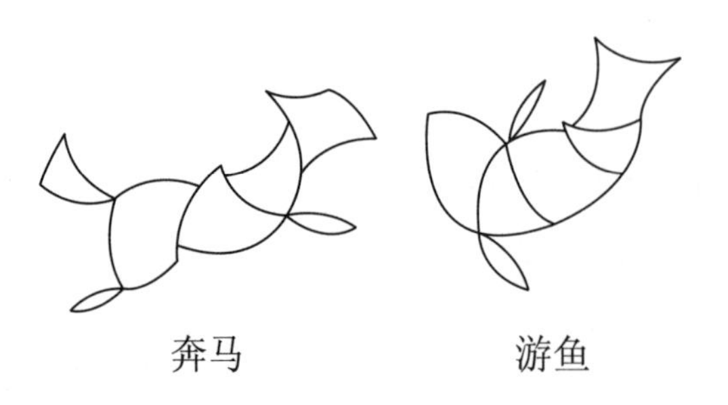
奔马　　游鱼

公鸡

下面的双人舞蹈是由两副双七巧板拼成的：

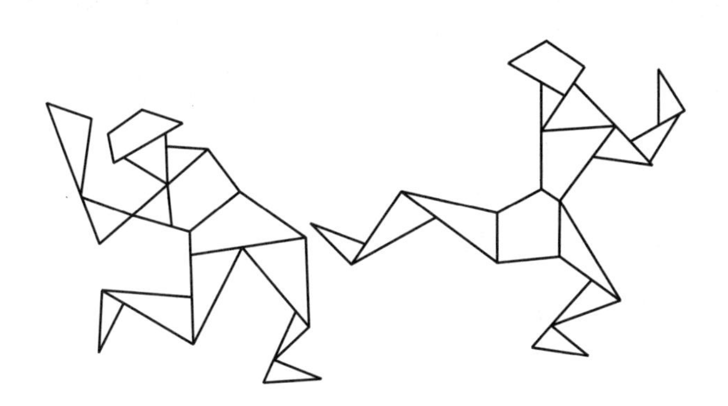

下面的骑兵乘胜前进是由百巧板拼成的：

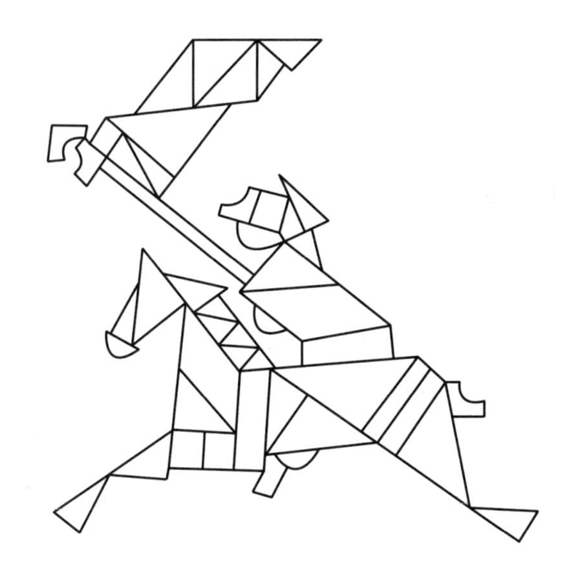

天平称重

“天平称重”是数学游戏或智力测验中经常遇到的。这类问题种类繁多，花样翻新，常见的有以下几种类型。

1. 砝码不够，需要巧分。

“一架天平，一只 5 克、一只 30 克的砝码。用这两只砝码将 300 克药粉，分成 100 克和 200 克两份。问如何分法？注意最多只能称两次。”

当然，一种最容易想到的称法是：用 30 克砝码称三次，再用 5 克砝码称两次，一共五次称出 100 克药粉。但是，只允许称两次，这样做不合要求。

可以这样称：将 35 克砝码放到天平的一端，先称出 35 克药粉；再将 35 克药粉和 30 克砝码放到一端，称出 65 克药粉，这样 35＋65＝100（克）。也就是说，称两次就得到 100 克药粉。

这种分法的巧妙之处在于“借”已经称出来的药粉为砝码。

“仍用 5 克和 30 克两个砝码，将 300 克药粉分成 150 克、100 克、50 克三份，最多只能称三次，如何分法?”

第一次，利用天平将 300 克药粉分成两个 150 克；第二次，将 150 克药粉平分成两份，每份 75 克；第三次，天平的一端放 30 克砝码，另一端放 5 克砝码和药粉，可称出 25 克药粉。这样，第一次已称出 150 克药粉了；将称出的 25 克药粉与第二次称出的 75 克合在一起得 25＋75＝100 克；剩下的一份必为 75－25＝50（克）。

2. 称有限次，挑出假球。

“有四个球，其中有一个是假球，但不知假球比真球重还是轻。现在找来一个标准球，请用天平称两次，把假球挑出来，并指出假球比真球轻呢还是重。”

首先把四个球按①，②，③，④编上号。由于在称重时会产生多种情况，可按以下框图进行分析、寻找。最下面一行就是寻找结果，其中标号就是假球的编号，“轻或重”表示假球比真球是轻还是重。比如左下角是“③轻”，表示③号是假球，它比真球轻。

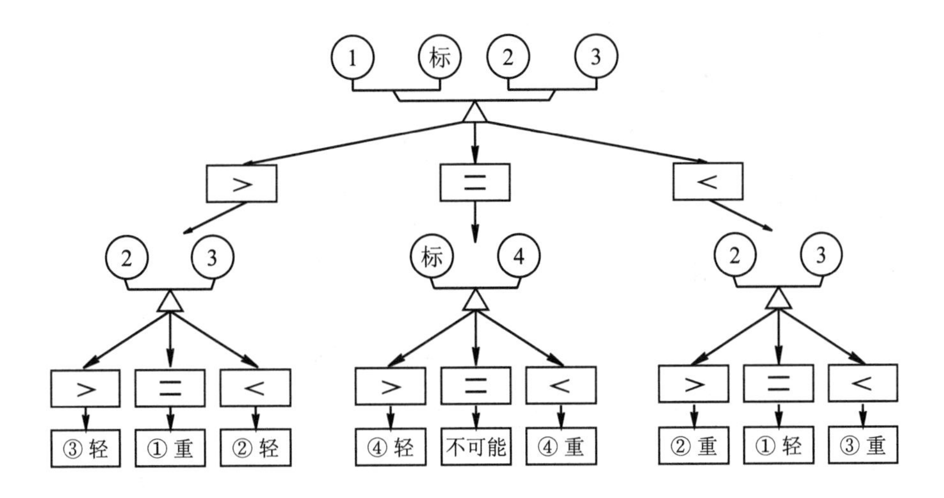

从最后结果看，四个球都分别可能是假球，而且是假球的机会相等。

“12 个球中有一个假球，只用天平称三次把假球挑出来，并指出假球比真球轻还是重。”

仿照上面的方法，先把 12 个球编上号，然后取出 8 个球来称，最后得出 24 个结果。

3. 只许称一次，挑出假球。

这类题目的难度往往比较大。请看下题：

“有 5 堆球，每堆球都有 5 个，其中一堆全部是假球，其他四堆全是真球。真球每个重 50 克，假球每个重 40 克。

只许用天平称一次，找出哪一堆是假球。”

随便找两堆球放到天平上去称，行不行？这样做肯定不行。因为无法保证这两堆中，一定有一堆是假球。如果天平两端重量相等，而已经用了一次天平，这样就失败了。

可以这样做：

把 5 堆球都编上号。第一堆不拿，第二堆拿一个，第三堆拿二个，第四堆拿三个，第五堆拿四个，总共拿了 10 个球。把 10 个球放到天平上称，假如 10 个都是真球，每个真球 50 克，称出来的重量是 500 克。但是，这里面有假球，每个假球 40 克，因此，称出来的总重量很可能少于 500 克。要分以下几种情况：

（1）恰好 500 克，说明第一堆是假球；

（2）重量为 490 克，说明第二堆是假球；

（3）重量依次为 480 克，470 克，460 克，分别说明第三、四、五堆是假球。

4. 巧选砝码。

“有 27 个球，外形一致，重量是 1～27 克中各整数值。如果将它们按重量排列，但是又不许把球放到天平上直接比较，问至少要几个砝码可以找出它们的重量各是多少？”

利用以下运算，可以称出 1～27 克中偶数克的球：

2＝2，4＝6－2，8＝6＋2，

10＝18－（6＋2），12＝18－6，

14＝18＋2－6，

16＝18－2，18＝18，20＝18＋2，

22＝18＋6－2，24＝18＋6，

26＝18＋6＋2.

这里每个等号都相当于一架天平，左边是偶数克的球，右边是砝码数。由上面的运算可知，只需要2克、6克、18克三个砝码就可以把1～27克中偶数克球都称出来。

奇数克球就可以利用介于两个偶数克砝码之间来确定。

铁匠的巧安排

在格鲁吉亚流传着这样一个故事：三百多年前，这里的统治者——大公有一位美丽、善良的女儿。大公要把女儿许配给邻国的一位王子，而这位公主却爱上了一位年轻的铁匠海乔。

高贵的公主怎么能嫁给一个穷铁匠！大公强迫女儿嫁到邻国去。

公主和海乔偷偷逃走了。可是没逃多远又被抓了回来。

大公非常生气，把海乔、公主和一个曾帮助他俩逃走的侍女关押在一座高塔里。塔很高，最上面才有一扇窗，想从窗户跳下来逃走是绝对不可能的。大公亲自用大锁把高塔下面的门锁上，大锁的钥匙只有一把，大公把钥匙藏好，撤走全部警卫，放心地走了。

公主说，大公一定会杀死他们的。海乔说，他们不能等死，要想办法逃出去。海乔在高塔里寻找可以逃走的工具。首先，他发现在窗户上方有一个生了锈的滑轮，这可能是修建高塔时留下来的。海乔用手一拨滑轮，还能转动。他又在底层和中层各找到一个旧筐，两个筐子一样大。他估计了一下，这两个筐子载重相差大约10千克时，重筐可以平稳降下来。海乔又把捆梯子的绳子解了下来结在一起，结成了一条很长的绳子。

海乔问了公主和侍女的体重，知道公主50千克，侍女40千克，而自己是90千克。海乔七找八找，又找来了一条30千克重的铁链，于是高兴地说："我们可以逃出去了。"

海乔把绳子套进滑轮，绳子两端各拴上一个筐。一个逃离高塔的方案产生了：

第一步，先把30千克重的铁链放到一个筐里降到地面，让40千克重的侍女坐到另一个筐里。由于侍女比铁链重，装侍女的筐降到地面，装铁链的筐升了上来。

第二步，让侍女仍然坐在筐里，把铁链取出来的同时，让公主坐进筐里。由于公主比侍女重，装公主的筐降到地面，装侍女的筐升了上来。海乔让她们两个人都走出筐子。

第三步，利用空筐把铁链降到地面，让公主坐进装有铁链的筐里，这时筐子载重30＋50＝80千克。体重90千克的海乔坐进上面的空筐里，由于海乔重，他坐的筐降到地面，公主和铁链升了上去。公主和海乔同时走出筐子。

第四步，装有铁链的筐子降到地面，侍女坐进上面的筐里，侍女降落下来，装铁链的筐子升了上去。侍女不要出筐。

第五步，公主将铁链从筐中取出，自己坐进筐里降到地面，侍女升了上去。侍女和公主走出筐子。

第六步，侍女把铁链先放到地面，然后自己坐进上面的筐里，侍女降到地面。

聪明的海乔取得了成功，三个人一起逃走了。

以上的方案还不是唯一的。实际上，海乔是使用的一种很重要的数学方法，叫作状态—手段分析法，在实践中非常有用。

把谁推下海

有 15 名土耳其人和 15 名基督教徒同乘一条船。船突然遇险有沉没的危险，必须将其中的 15 个人推下海去，减轻重量，船才能脱险。船长是名基督教徒，他先向基督祈祷，然后让 30 个人围成一个圈儿。从船长开始，按顺序往下数，凡是数到 10 的就被推下海，然后再从 1 开始数。船长说完就把土耳其人和基督教徒，按着特定位置安排好。第一个被推下海的是土耳其人，第二个被推下海的还是土耳其人，最后把 15 名土耳其人全部推下了海。

问题的关键是土耳其人的排法。上页图中黑点代表土耳其人，圆圈代表基督教徒，△是船长的位置，旁边的数码表示被推下海的顺序。只要按该图的顺序排好，从△处开始数，黑点就全部被拿走了。

如果换成用黑、白两色的围棋子。上面的故事就变成了“拿尽黑子的游戏”了。这个游戏出现得比较早，大约在 12 世纪，国外就流传一个叫“继子的圈套”的游戏。游戏是这样的：

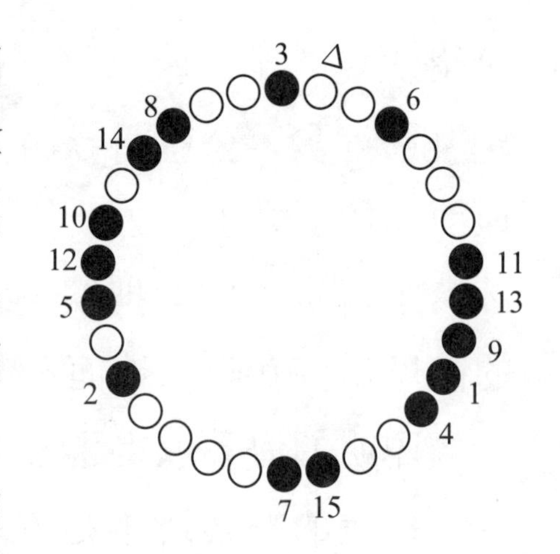

有个财主死了，他的财产留给哪个儿子来继承呢？前妻留下了 15 个儿子（继子），现在的妻子又生了 15 个儿子（亲生子），共有 30 个儿子。现在的妻子不愿意让继子继承财产，就制订了一个计划，让 30 个儿子站成一个圆圈，从一个亲生子开始数起，每数到第 10 个人就从圈子里退出，丧失继承权，直到最后剩下的孩子才能继承财产。那么，最后剩下的是谁呢？

当然，财主现在的妻子会像船长安排土耳其人那样，把继子安排到特定的位置上去。继子一个接一个地被淘汰下去，没多会儿，只剩下最后一名继子了。

这名继子很伤心地说：“继子被去掉得太多了。现在，从我这里开始数吧！”继母想，在剩下的 16 人中，只有一个继子了，总不会最后把他剩下吧！就同意从这名继子开始数。谁想到，数的结果把 15 名亲生子全部淘汰，财主的财产全由这名继子获得。

神奇的牟比乌斯圈

找到一张纸条，把它一面涂成红色，一面涂成蓝色。你要想从红色的一面，不离开纸而到蓝色的一面去，必须经过纸的边界。不然的话，说什么也是过不去的。

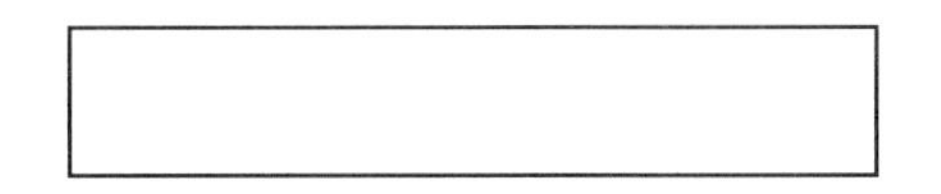

把纸条的两面用笔在中间各画上一条中心线，然后把两端粘上，成为一个纸圈。

用笔沿着外面的中心线画一圈，笔还在圈的外面；用笔沿着里面的中心线画一圈，笔还留在圈的里面。

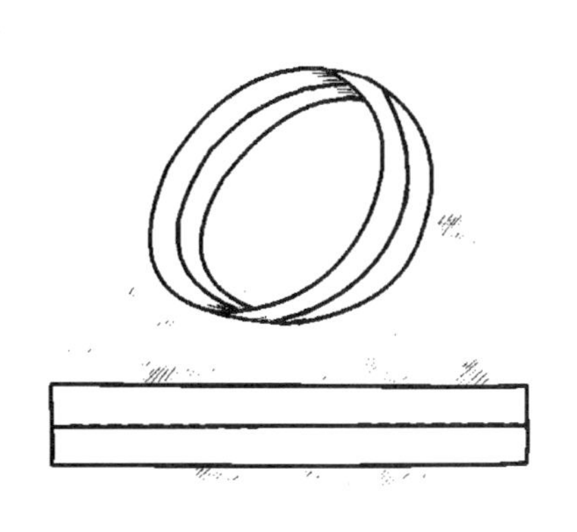

如果先把纸条拧一下，然后把两端粘上（如下图），再用笔沿着外面的中心线画一圈，你会发现这条中心线特别长，而且是把红、蓝两面都画过一次，最后又回到了原来的出发点。

这真是怪事！没有经过纸条的边界，“不知不觉地”从一面跑到了另一面，最后又回来了。

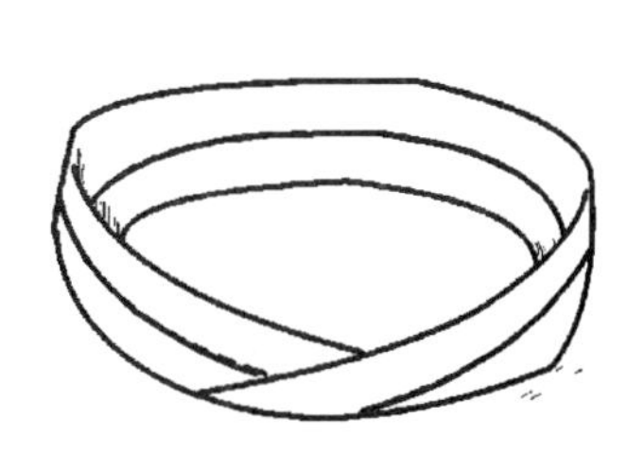

看来，这一先一后粘成的圈是不同的。前一个圈有里面外面之分，数学上叫双侧面；后一个圈没有里面外

面的区别，叫作单侧面。双侧面与单侧面有许多重要区别。

生活在双侧面上的人，有上和下的区别。如果一个人生活在上面，那么他不经过边界是不可能来到下面的。可是，生活在单侧面的人，虽然他用手指指着上，可是他走着走着，他手指所指的“上”已经变成“下”了。因此，生活在单侧面的人，没有上和下的区别。

一个双侧面的纸圈，顺着中心线把它剪开，得到两个断开的纸圈；一个单侧面的纸圈，顺着中心线把它剪开，得到的仍是一个纸圈，这个纸圈变大了，中间拧了两次。由于它拧了两次，再沿中线剪开就变成两个圈了，这两个纸圈还紧紧套在一起。

牟比乌斯圈是德国数学家牟比乌斯首先发现的。玩牟比乌斯圈已经成了世界各国数学爱好者的游戏。在美国华盛顿一座博物馆门口，耸立着一座2.5米高的牟比乌斯圈，它每天不停地旋转，向人们展示着数学的魔力。

没人能玩全的游戏

我国古代曾流行一种游戏叫“华容道”。后来“华容道”流传到欧洲，演变成以数字为主角的“重排九宫”的游戏。这种游戏在数学上占有重要地位，它是“人工智能”的一个研究课题。

“重排九宫”的一般玩法是，在有限步骤内将a图变成b图。也就是说，把从左上角开始的87654321，改排成

12345678，顺序来个大颠倒。

19 世纪，数学家亨利·杜特尼研究出一种走法，从 a 到 b 一共需要 36 步，当时被公认是比较好的走法。把这 36 步，分成 6 步一组，每组最后一步配一个图。现在看一下杜特尼的走法：

首先把 1 右推，进入空格；把 2 右推，进入 1 留下的空格里；接着是 5 往下推，4 往左推，3 往左推，1 向上推，得图 1。为了简化过程，记为 125431，表示从 1 号推入空格开始，一直到把 1 号推上为止，一共走了 6 步。

8	7	6
5	4	3
2	1	

a

⇒

1	2	3
4	5	6
7	8	

b

接下去的 5 组走法是：

237612 （图 2）；

376123 （图 3）；

754812 （图 4）；

365765 （图 5）；

847856 （图 6）；

最后得到 *b* 图。

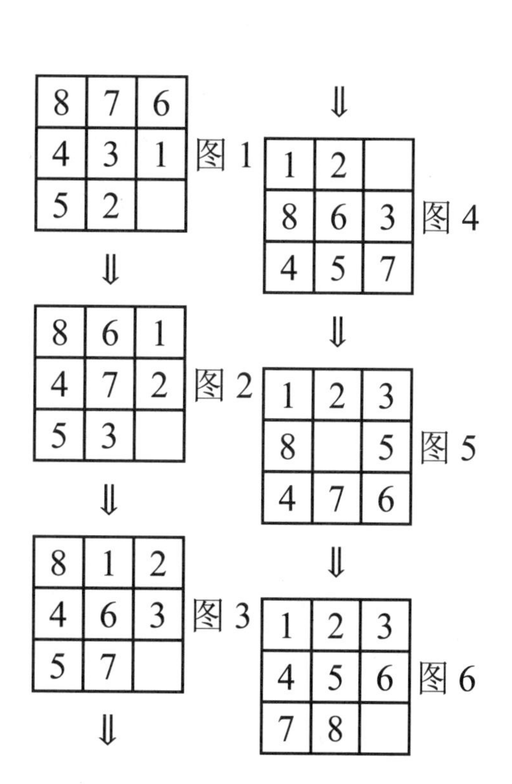

那么，36 步是不是最少的步数呢？借助电子计算机的帮助，从图 a 到图 b 最少的步数为 30 步，而不是 36 步。

从图 a 到图 b 共 30 步可以

达到，一共有多少种走法呢？国外一家杂志向读者征求解答。在规定的3个月里，虽然收到了大量读者的来信，但是没有一个人能把所有的解法找全的。

实际上有10种不同的解法，下面以5步为一组，每种走法分成6组：

（1）34785，21743，74863，86521，47865，21478；

（2）12587，43125，87431，63152，65287，41256；

（3）34785，21785，21785，64385，64364，21458；

（4）14587，53653，41653，41287，41287，41256；

（5）34521，54354，78214，78638，62147，58658；

（6）14314，25873，16312，58712，54654，87456；

（7）34521，57643，57682，17684，35684，21456；

（8）34587，51346，51328，71324，65324，87456；

（9）12587，48528，31825，74316，31257，41258；

（10）14785，24786，38652，47186，17415，21478.

如果不借助于电子计算机的帮助，单凭一个人去找全所有10种玩法，难度实在太大了！

难填的优美图

优美图是世界上流行的一种数学游戏。什么是优美图呢？为了使大家有个直观的印象，还是先看一个例子吧！

图1是由3个顶点和3条边组成的一个图。现在我们给每个顶点加上一个标号，标号必须是正整数或零，并且

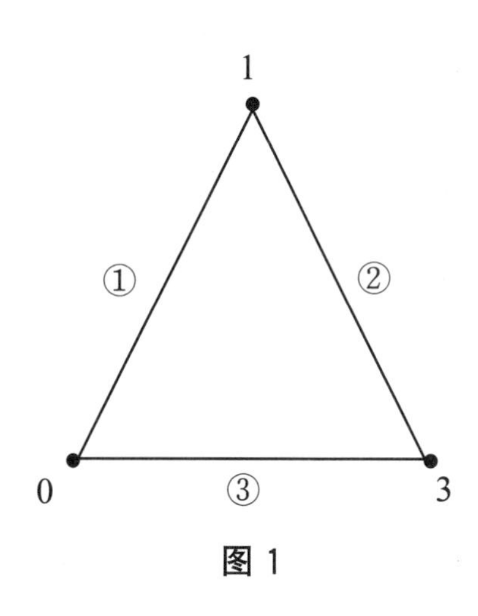

图 1

不许重复。加标号的方法多极了，那有什么意思呢？别着急，我还没说要求呢！给顶点加标号以后，我们再给边加标号。不过，边的标号是不能随意加的，它必须是这条边的两个顶点的标号的差（用大数减去小数）。比如，图 1 中一个顶点是 3，另一个顶点是 1，那么连接这两个顶点的边的标号只能是 3－1＝2。对于优美图来说，要求给顶点加上标号以后，全部边的标号恰好是从 1 开始的连续自然数，既不准遗漏，也不准重复。图 1 就是一个编上了标号的优美图，它的 3 个顶点标号分别是 0、1、3，3 条边标号分别是 1、2、3（标在圆圈中）。

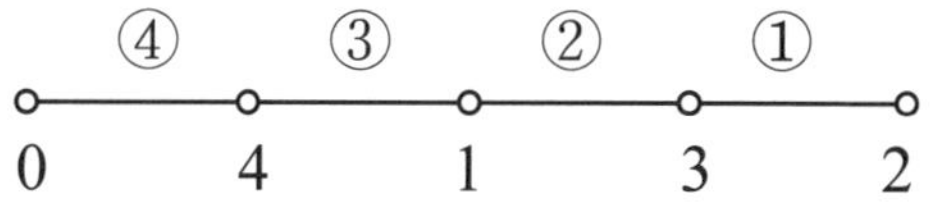

图 2 是由 5 个顶点和 4 条边组成的图。它的顶点标号分别为 0、4、1、3、2，边的标号分别为 4、3、2、1，也构成一个优美图。

④ ③ ② ①
0 4 1 3 2

图 2

不是所有的优美图都那么简单，有些图添加标号是非常伤脑筋的。例如图 3 是一个有 6 个顶点和 12 条边的图（它有个特殊的名称叫许莱格尔图），使这个图成为优美图可不是件容易的事。

由于图形是千变万化的，因此没有一个统一的方法能解决所有优美图的添加标号问题。如何给一个优美图添加

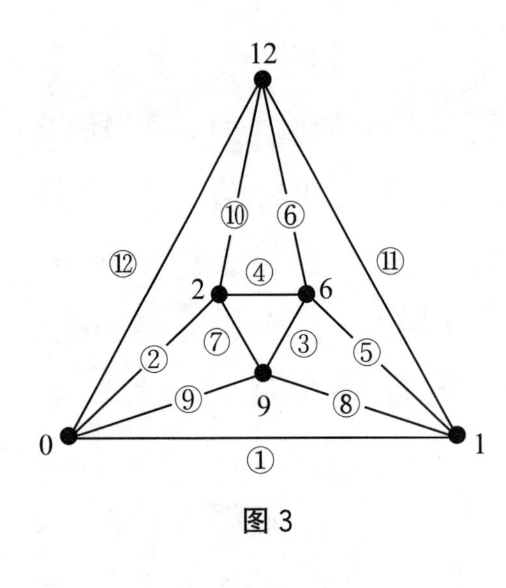

图 3

标号，只能靠我们的聪明智慧和顽强的毅力。当然，优美图见得多了，也能就某些类似图形找出一些添加标号的规律。

不是所有的图都能构成优美图，有些图无论怎么添加标号，也不能使它具备优美性。哪些图是优美图，哪些图不是优美图？这是个至今没有解决的问题，也是当代数学家研究的热门课题。

找鼻子的游戏

你见过这样的算术吗？6＋5＝9.

你也许以为这是计算错误，不！这里一点也没有算错。请看下面的问题："现在有戴帽子的 6 人，戴眼镜的 5 人，问一共有多少人？"

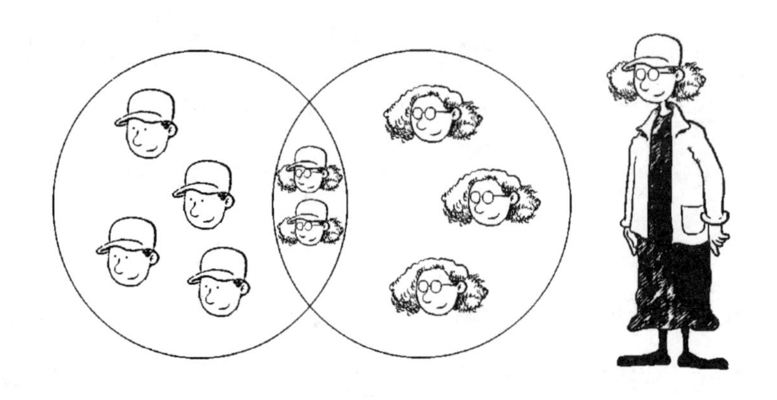

6＋5＝11，一共有 11 人呗！

不对，这里面有 2 个人是既戴帽子又戴眼镜。这样，算戴帽子的 6 人中有他们 2 人；算戴眼镜的 5 人中还有他们 2 人。他们 2 人被重复算了两次，所以实际上是 9 人，于是就成了 6＋5＝9 啦！

毛病出在哪儿呢？出在题目出得不严谨。如果想得到 6＋5＝11，题目就要这样出：

“现在有戴帽子而不戴眼镜的 6 人，戴眼镜而不戴帽子的 5 人，问一共有多少人？”

这两个问题的差异通过画圈的办法看得更清楚。第一个问题，把戴帽子的放在一个圈儿里，把戴眼镜的放在另外一个圈儿里。这两个圈儿有一个公共部分，在公共部分中的两个人两个圈儿的特点都具备；第二个问题中，戴帽子的圈儿和戴眼镜的圈儿没有公共部分，至多交于一个点，不会有既戴帽子又戴眼镜的人。

现在来做找鼻子的游戏：

在一张大纸上，如下页图画上 14 个黑点，再画红、蓝、绿三个圈儿。

这三个圈和 14 个黑点都有实际含意。三个圈的含意是：

红圈里的点代表四条腿的动物，蓝圈里的点代表会爬树的，绿圈里的点代表爱吃肉的。

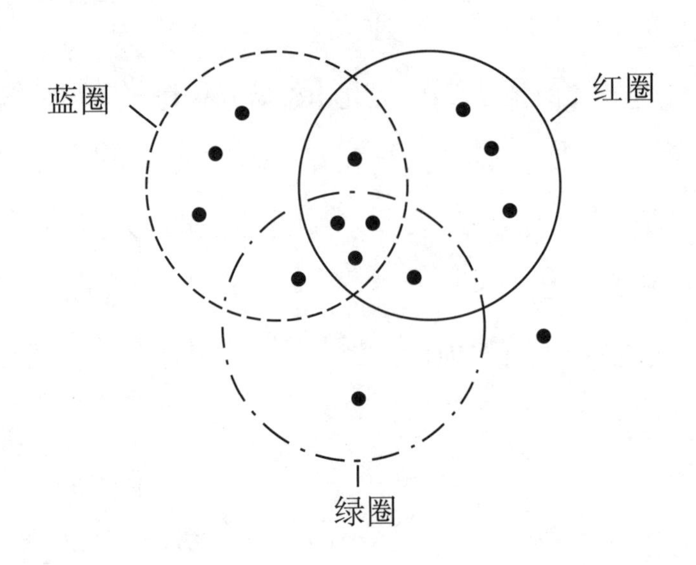

14个黑点代表着：3只兔子，1只松鼠，3只蝉，3只猫，1只小狮子狗，1位爱吃肉的老大爷，1个淘气的小朋友和小朋友的鼻子。

请找出哪个黑点代表小朋友的鼻子？其余各点又都代表什么？

先从红圈着手研究。红圈里的点代表四条腿的动物，因此，1只松鼠，3只兔子，3只猫，1只狮子狗应该在红圈里；

蓝圈里的点代表会爬树的，因此，3只蝉，1只松鼠，3只猫，1位小朋友应该在蓝圈里；

绿圈里的点代表爱吃肉的，因此，3只猫，1只狮子狗，1位小朋友，1位老大爷应该在绿圈里。

好了，圈里的点都研究过了，就是没有发现代表小朋友鼻子的点。可以肯定三个圈外的那个点，表示鼻子。

鼻子找到了，再来确定其他点各代表什么。

由于3只猫同时在3个圈里，所以3个圈相交部分的3

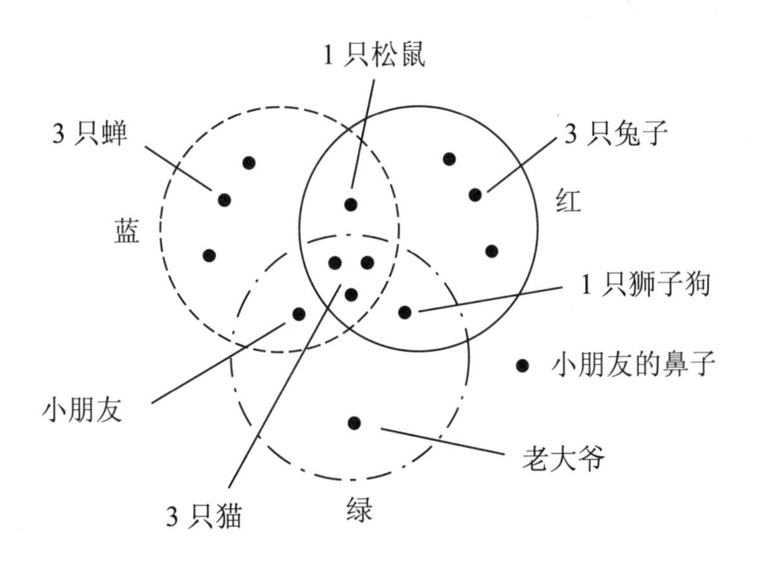

个点表示 3 只猫；

由于 1 只狮子狗在红圈里同时又在绿圈里，但是不在蓝圈里，所以狮子狗在红圈和绿圈相交部分。同理，1 只松鼠和小朋友也各在两个圈相交部分。

3 只蝉、3 只兔子和老大爷各在一个圈里。这样 14 个黑点各代表什么，全清楚了（见上图）。

拾物游戏

下面这个游戏流传年代已经很久了，古代叫作“拾物游戏”：

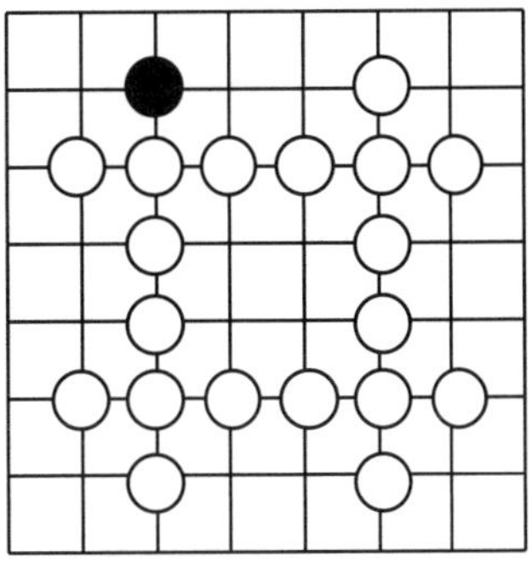

画一个有 7×7 个方格的正方形棋盘，准备 19 个白围棋子和 1 个黑围棋子。

把 20 个围棋子在棋盘上摆成个井

字形，黑围棋子放在左上角。要求从黑子开始拿起，要顺着棋盘上的直线依次去拿，不许跳着拿，不许重复一条线段，但是拿掉棋子以后空下的位置是可以向前通行的。谁能把 20 个棋子按要求全部拿走，谁就获胜。

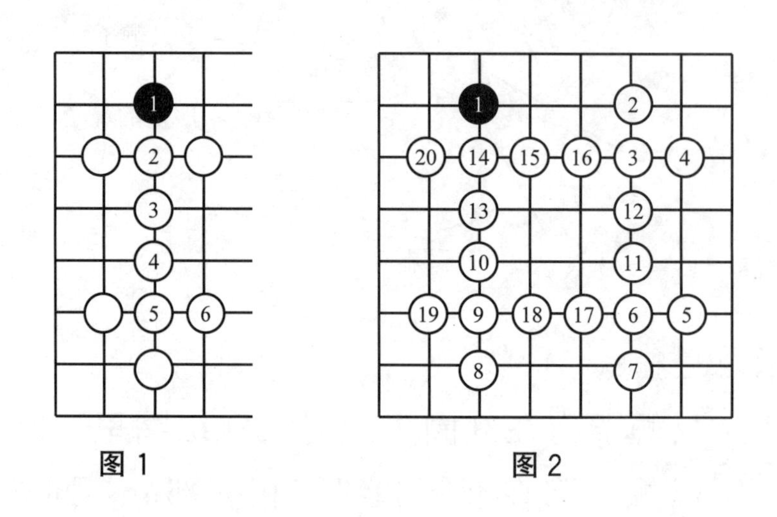

图 1　　　　图 2

如果按一般的顺序去拿棋子的话，外边的棋子就要剩下，如图 1。

看来顺着一条直线连续拿几个棋子的方法，是不可取的。图 2 是一种拿法，这种方法的前 8 步，就拿走了外边的 8 个棋子中的 6 个，看来先把外边的棋子尽早拿走是十分重要的。

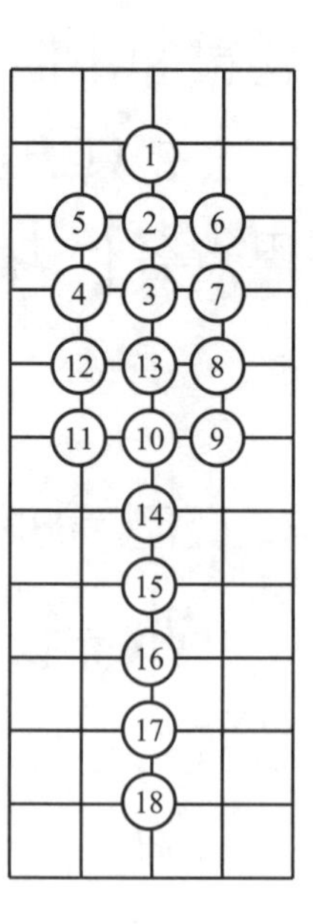

右面像箭形的摆法，也是在前 11 步将两边的棋子全部拿走了。

奇妙的运算

6+3=2，3×3=2，这可不是开玩笑，而是讲一种有用的运算。

一个星期有七天。如果用 0 表示星期日，用 1，2，…，6 表示星期一、二……六，由于星期的出现是周而复始的，在计算星期几时就出现了一种新的运算：

1+3=4，星期一再过三天是星期四；

6+3=2，星期六再过三天是星期二；

2+5=0，星期二再过五天是星期日。

如果用算术眼光来看，左边的运算都是错误的。可是，对照右边的解释来看又都是千真万确的。它的特点是把右边大于 7 的数减 7 看差数。

掌握了上述运算，只要告诉我某年某月某日，我就可以立刻算出那天是星期几。下面以 1998 年为例，具体来计算一下。

首先查一下，1998 年的前 11 个月的最后一天都是星期几，按上面约定的记号把它们用数表示出来，叫作月的残数。把 1997 年最后一天的月残数作为 1998 年 1 月份的月残数，把 1998 年 1 月份最后一天是星期几，作为 1998 年 2 月份的月残数，依此类推。列出下表：

月　份：	1	2	3	4	5	6	7	8	9	10	11	12
月残数：	3	6	6	2	4	0	2	5	1	3	6	1

有了月残数，还需要会算日残数，把日数除以 7 所得

余数叫日残数。比如 14 日的日残数是 0，19 日的日残数是 5，31 日的日残数是 3 等等。

求 1998 年某月某日是星期几，只要用下面公式算就可以求出来：

月残数＋日残数＝星期几。

比如，求 1998 年 6 月 1 日是星期几。因为 6 月的月残数为 0，1 日的日残数为 1，所以

$$0+1=1.$$

即 1998 年 6 月 1 日为星期一。

求 1998 年 9 月 10 日为星期几。9 月的月残数是 1，10 日的日残数是 3，

$$1+3=4.$$

即 1998 年 9 月 10 日为星期四。

做个神算家

人人都可以当神算家，下面就让你当一次神算家。

任意找出四个人，每人发一张白纸和一支铅笔。你让他们各自想好一个自然数，不要说出来。

让第一个人把想好的数上加 18，第二个人把想好的数上加 37，第三个人用想好的数乘以 4，第四个人用想好的数乘以 7。

把以上运算的结果作为基数，让第一个人乘 59，第二个人乘 74，第三个人加 128，第四个人加 215。接着让他们

把得数都乘以 9。

把最后得数的各位数字相加。如果相加还是多位数，再把各位数字相加，直加到一位数为止。

你可以对四个人说："你们最后结果都是 9 对不对？"四个人一看，真的都得 9。

这个游戏的道理是：

一个自然数乘以 9，把乘积的各位数字相加，最后所得的一位数必然是 9。

先看一位数乘 9。

$$1\times9=9;$$

$$2\times9=18; \qquad 1+8=9;$$

$$3\times9=27; \qquad 2+7=9;$$

$$4\times9=36; \qquad 3+6=9;$$

$$5\times9=45; \qquad 4+5=9;$$

$$6\times9=54; \qquad 5+4=9;$$

$$7\times9=63; \qquad 6+3=9;$$

$$8\times9=72; \qquad 7+2=9;$$

$$9\times9=81; \qquad 8+1=9.$$

多位数乘 9，相当于几个一位数乘 9 再相加，其和还是 9。比如 $327\times9=(300+20+7)\times9=3\times9\times100+2\times9\times10+7\times9$，积的各位数字相加，实质上相当于 $3\times9+2\times9+7\times9$，由上面知道它们相加都得 9，三个 9 相加相当于 3×9，最后还得 9。

由此看来，前面的两步加和乘都是虚晃一枪，真正起作用的是第三步乘 9。

白帽还是黑帽

事先用硬纸糊好五顶纸帽子，其中三顶白色的，两顶黑色的。

从参加游戏的人当中挑出三个人，让他们闭上眼睛，替每人戴一顶帽子，同时把余下的两顶帽子藏起来，然后叫他们睁开眼睛，谁能第一个说出自己戴的帽子是什么颜色的，谁就得胜。

要想取胜，必须对自己可能戴什么颜色的帽子进行分析。

由于从 5 顶中随便挑出 3 顶给做游戏的戴，这三顶帽子的颜色会有以下三种情况：

1. 两黑一白。

这是最简单的情况。戴白帽的看到其余两人都戴黑帽子，而黑帽子只有两顶，他可以肯定自己戴的是白帽子。戴白帽子的应该取胜。

2. 两白一黑。

一个戴白帽子的看到其余两人帽子颜色是一白一黑，他就分析：如果我戴的是黑帽子，此时戴白帽子的人看到两人都戴黑帽子，就会立刻说出自己戴的是白帽子。但是另一个戴白帽子的人迟迟不说，这就说明自己戴的是一顶白帽子。在这种情况下，两个戴白帽子的都有可能取胜。

3. 三白。

其中一人分析：如果我戴的是黑帽子，就成了“两白一黑”，这种情况与第 2 种情况一样，他俩之中的一个会说出自己戴的是白帽子。可是，他俩迟迟不说，这说明我戴的不是黑帽子，而是白帽子。在这种情况下，三人都可能取胜。

挖空心思叠纸盒

找一个装中药的立方体的小纸盒，把它打开，你会发现它是由连接在一起的 6 个小正方形组成。不同的小纸盒，打开后它们连接的方式也有不同。

现在需要解决两个问题：6 个小正方形有多少种不同的连接方法？其中有哪几种可以折叠成立方体的小纸盒？

首先讨论第一个问题：

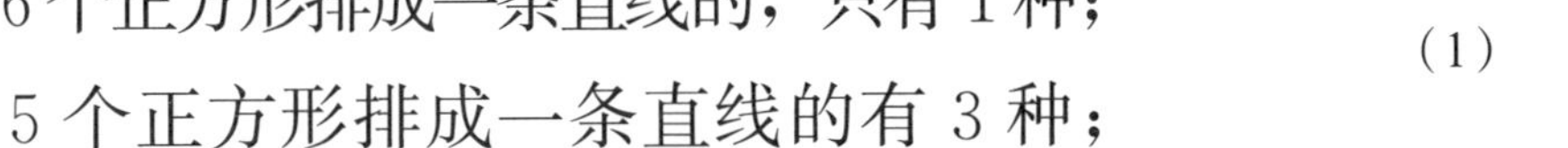

(1)

6 个正方形排成一条直线的，只有 1 种；

5 个正方形排成一条直线的有 3 种；

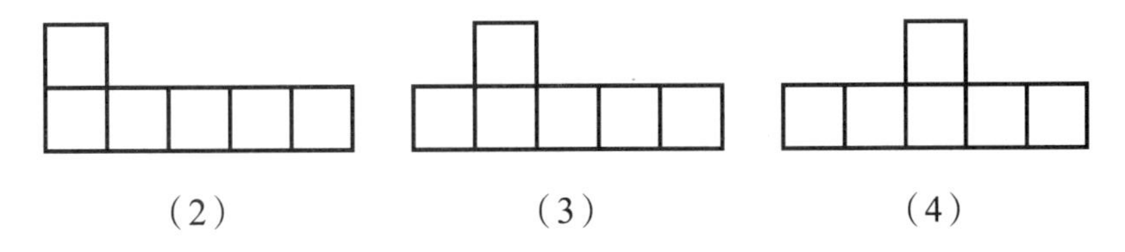

(2) (3) (4)

4 个正方形排成一条直线的有 13 种；

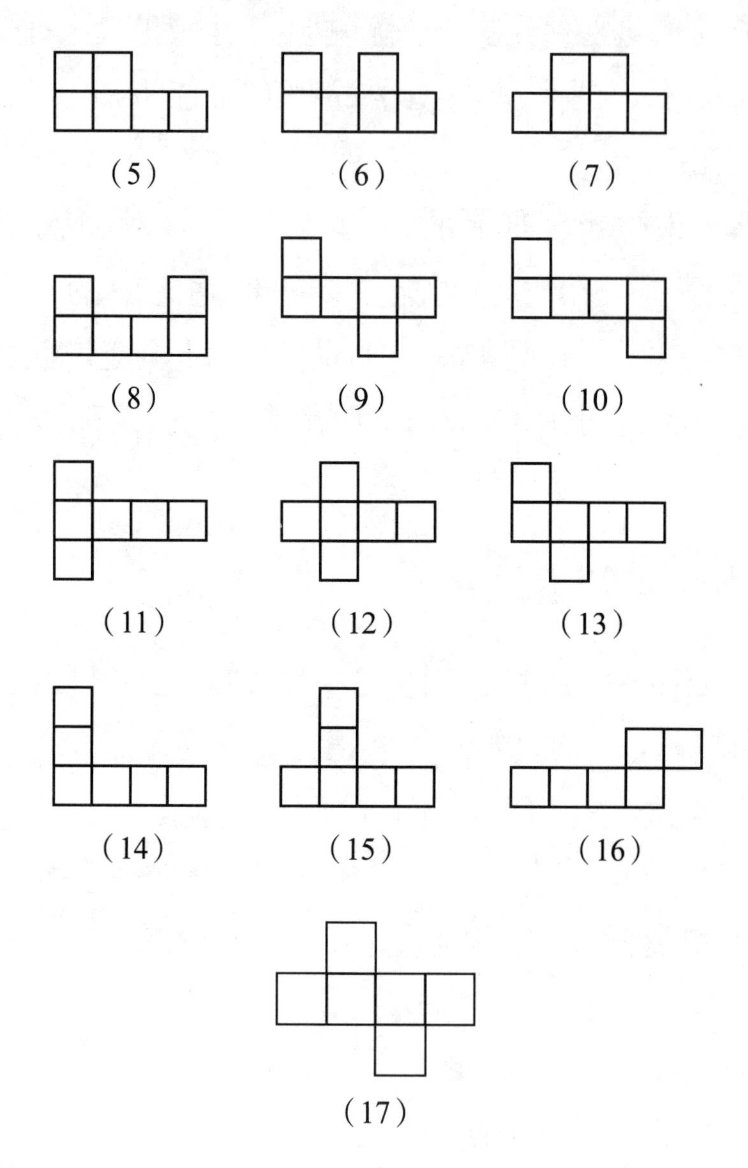

(5) (6) (7)

(8) (9) (10)

(11) (12) (13)

(14) (15) (16)

(17)

其他排法还有 18 种，一共有 35 种不同排法。下面再画出几种：

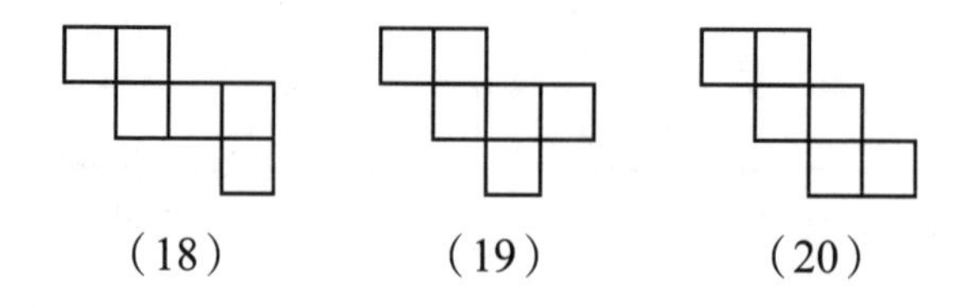

(18) (19) (20)

尽管有 35 种不同排列方法，但是能折成立方体纸盒的却不多，只有 11 种，它们是图上画的（9）、（10）、（11）、（12）、（13）、（17）、（18）、（19）、（20）、（21）、（22）。

（21）　　　　（22）

这 11 种可以同时放到一个 9×9 的方格中。

22
21
19
9
18
17
20
11
13
10
12